粒子
能穿墙吗

如何轻松理解量子力学

[奥]弗洛里安·艾格纳 著

邢伊丹 译

FLORIAN AIGNER

WARUM WIR NICHT DURCH
WÄNDE GEHEN

海南出版社
·海口·

Warum wir nicht durch Wände gehen: Unsere Teilchen aber schon
By Florian Aigner
Copyright © 2023 by Christian Brandstätter Verlag, Wien
Simplified Chinese translation copyright © 2025 by United Sky
(Beijing) New Media Co., Ltd.
All rights reserved.

著作权合同登记号 图字：30-2025-007号

图书在版编目（CIP）数据

粒子能穿墙吗？：如何轻松理解量子力学 ／（奥）
弗洛里安·艾格纳著；邢伊丹译. -- 海口：海南出版
社，2025.5. --（科学思维脱口秀）. -- ISBN 978-7
-5730-2383-4

Ⅰ．0413.1

中国国家版本馆CIP数据核字第2025FA9090号

粒子能穿墙吗？——如何轻松理解量子力学

LIZI NENG CHUANQIANG MA? ——RUHE QINGSONG LIJIE LIANGZI LIXUE

［奥］弗洛里安·艾格纳 著 邢伊丹 译

责任编辑：项楠 宋佳明
执行编辑：戴慧汝
封面设计：沉清 Evechan
出版发行：海南出版社
地　　址：海南省海口市金盘开发区建设三横路2号
邮　　编：570216
电　　话：（0898）66822026
印　　刷：北京联兴盛业印刷股份有限公司
版　　次：2025年5月第1版
印　　次：2025年5月第1次印刷
开　　本：880 mm×1230 mm　1/32
印　　张：7.5
字　　数：173千字
书　　号：ISBN 978-7-5730-2383-4
定　　价：48.00元

关注未读好书

未读 CLUB
会员服务平台

目录

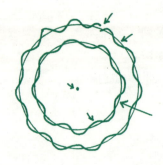

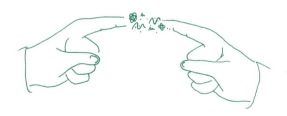

如何阅读这本书？

任何阅读这本书的人都会感到惊讶。这是一本关于小颗粒和大想法的书，一本关于电子和原子、人和猫、星星和宇宙的书。它介绍的也许是最迷人的科学理论：量子理论。

这本书里没有公式——阅读这本书，你不需要具备丰富的数学知识。它只会以一种简单、易于理解的方式，帮助你逐步了解量子物理学最重要的基本思想——没有科学术语，也没有哲学理论。

这本书是为那些对量子理论一无所知，却想进入这个奇妙世界的人而写的；也是为那些可能读过一些量子理论，想更详细地了解量子理论的人而写的。它或许还适合那些对量子理论了解颇多，但还希望从新角度发现新内容的人——本书涉及众多理论，从波粒二象性到新近的理论，如贝尔不等式或量子退相干。

为区分不同的表述，书中有一些格式不同的特殊段落（就像这段）。这是为了更精确或更专业地解释内容而设置的附加信息。这些附加信息对理解本书内容并不是必需的。因此，你既可以按顺序认真阅读这些段落,也可以粗略地阅读它们,还可以先跳过它们,最后再阅读(甚至可以干脆不阅读)。

此外,这本书的最后还有名词表,你可以在那里找到一些重要的名词及其解释。

无论如何,在量子世界的旅途中我们都会遇到许多疯狂的观点:关于西红柿和电子的区别,关于诺贝尔奖奖章在哥本哈根的藏身之处,关于量子炸弹、宇宙飞船和瞬间移动。

这本书会提出一些奇怪的问题:如果说组成物质的原子和分子中存在大量空间,那为什么我们不能穿墙而过?薛定谔的猫"既死又活"有何思想意义?当微观世界充满狂野而模糊的量子时,我们应该如何看清这个明确而清晰的宏观世界?

通过仔细研究这些问题,我们会逐渐明白许多事情:什么是量子叠加,粒子的世界与我们生活的世界有什么关系,为什么量子与袜子是不同的东西。

任何研究量子理论的人一开始都会感到惊讶,而且到最后仍然会感到惊讶,但他们学会了在更高的层次上、以更广阔的视野看待世界。这一个进步就足以让他们受益。

弗洛里安·艾格纳

FLORIAN AIGNER

第一章

波、粒子和量子摇摆

为什么我们应该对量子物理学感到惊讶？

为什么西红柿和水波是完全不同的东西？

如何理解光的本质？

光既不是波也不是粒子，而是在某种程度上兼具两者特性的东西。

　　宇宙并不复杂——这是件好事。在日常生活中，我们几乎无须刻意考虑自然界的基本法则，因为这些法则对我们来说完全是自然而然的。

　　如果一只猫向左跑，那它绝对不会同时向右跑；如果把一颗鸡蛋丢在地上，那它要么碎了，要么完好无损；如果把一个西红柿以高挑的弧线扔到墙上，那它一定会沿着一条特定的轨迹移动，直到撞在墙上变成一摊红色的污渍。

　　这一切对我们来说都不足为奇。一代又一代的人通过毕生观察洞悉了万事万物的运行方式，我们对自然界的基本法则有着敏锐的直觉。

但是，当我们研究量子物理学时，这种直觉突然失效了。原子、分子和量子的行为与猫、鸡蛋或西红柿完全不同。

如果一个原子向左移动，那它也可以同时向右移动。被激光束击中的分子可以在分裂的同时保持完整。电子围绕原子核运动并不遵循特定的路径，比如它前一刻在原子核的左侧，下一刻就在原子核的右侧，但它并不是沿着两点间的轨迹一点一点地移动的。

这些意味着什么？我们该如何理解这些现象？这又有什么意义？这些现象与我们头脑中建立起来的明确而清晰的世界图景根本不符。当谈到量子时，我们的洞察力失效了，我们的直觉崩溃了。我们不得不承认，常识在量子世界似乎不起作用。

因此，人们经常会得出这样的结论：量子理论是一种根本无法理解的东西。你如果不想费尽心力地追根究底，当然可以不管不顾地下结论："一个粒子可以同时向左和向右运动，这违背了常识！所以量子理论对人类来说就是不可理喻的！没有人能够真正理解量子理论！"

但是，这样做并不会带来益处：没有回答任何问题，也没有帮助任何人。人们只会在谈到量子理论时产生隐约的胃痛，而不是有用的知识。有些人甚至会陷入魔幻的思维——将量子理论与神秘主义联系在一起，从意念传输到医学奇迹。其中没有任何有意义的东西。

宇宙有一套值得信赖的运行法则。无论你是人类、原子、猫咪，还是激光束——万事万物都遵守这套法则，在量子这种小颗粒的世界里也是如此，我们只需接受量子理论的法则与我们日常生活的法则有些不同罢了。这正是我们现在要做的：突破日常经验的桎梏，通过仔细观察一步一步地深入理解，为什么量子理论的奇怪规则其实并不那么奇怪。

千分之一的世界

量子理论并不真正符合我们的日常经验，这不足为奇：毕竟，与量子理论所针对的原子或其他粒子相比，我们日常接触的物体在体积上是巨大的。

我们人类的身高以米为单位，可以是一米，也可以是两米——总之就是这个数量级。昆虫是我们的千分之一，它们的长度以毫米计。当然，蚂蚁或蚊子遵循的自然法则与我们相同，不过在毫米级的世界里，物理学带来的实际体验已经完全不同了。

例如，在我们的日常经验中，水是流动的；而当容器装满水时，水会完全变成容器的形状。但是，在蚂蚁的眼中，水是雨后突然落在树叶上的大球。

重力是对我们日常生活影响最大的力——我指的是地球上的日常生活，而不是空间站上的。它告诉我们哪边是上，哪边是下；当我们把满满的购物袋拎上四楼时，它使我们筋疲力尽；当我们从苹果树上摔下来时，它使我们摔断腿。

蚂蚁也能感觉到重力，但在蚂蚁的日常生活中，重力的意义完全不同。作为一只蚂蚁，你可以轻松地在树叶朝下的那面爬行而不会掉下去，或者从树根爬到树冠而不会气喘吁吁。哪怕从百倍于自己体长的高处摔下来，也不会摔断腿。因此，蚂蚁的日常生活法则已经与我们的完全不同了。

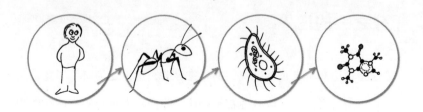

让我们再进一步。我们如果将蚂蚁的世界缩小到千分之一，就从毫米级迈入微米级，也就是从蚂蚁的世界到细菌的世界——又一个完全不同的世界。我们如果将细菌的世界再缩小到千分之一，就到了纳米级，即分子和原子的世界。而我们还要将它们的世界缩小到两千分之一，才能到达质子和中子的世界，即量子世界。

所以，量子世界的法则与我们的日常法则不同，这并不奇怪，甚至是理所应当的。每个世界都需要不同的概念、术语和工具，就像你不能用气动锤来敲碎原子。

实际上，令人惊讶的应该是另一件事——人类现今的技术居然能够操纵如此微小的粒子。我们可以研究单个原子，或者从它们身上拿走一个电子——尽管我们比它们大数十亿倍。这件事的疯狂程度不亚于一颗行星给一个人理发。

猫不是长着爪子的毛茸茸小人

理解事物有两种截然不同的方式。有时，我们用头脑中已有的概念来总结新的规律，借助这种方法来学习。我们探索已知事物之间的新关系，比如，我知道蜘蛛是什么，也知道腿是什么，我将两者联系起来，总结出蜘蛛有八条腿。于是，我就学到了一些东西。

但有时这还不够。当我们遇到完全未知的事物时，我们必须在脑海中添加一个新的概念，创建一个新的类别，让新的想法"成长"。一个从来只与人打交道的孩子第一次看到猫，会兴奋地尖叫起来，他从根本上学到了新的东西：猫不是一个长着爪子的毛茸茸的小人，而是一种完全不同的生物。他必须在脑海中创造出"猫"这个新概念，然后和猫玩耍，习惯它。到了一定时候，猫这种生物就会成为他日常生活的一部分。

这对孩子来说不成问题。对我们来说，接受量子这种新事物应该也不成问题。电子不是带电荷的西红柿，它在本质上不同于我们日常生活中的任何事物。你必须在头脑中创造出"量子"这个新概念，然后才能科学地了解电子，习惯它们。到了一定时候，量子对你来说也会变得司空见惯。

试图用日常经验来解释量子理论只会给自己的生活带来困难。如果我们在讨论量子世界时强行使用为日常事物创造出的概念，就会把自己搞糊涂。当你试图了解量子理论时，偶尔会读到一些奇怪的句子，比如"量子具有波和粒子的特性"。这句话并没有错，但对你的理解也没有什么特别的帮助。"波"和"粒子"是日常事物,于是我们会把对量子的理解与日常规则联系在一起,而这些规则根本不适用于量子——这就导致了混乱。

如果物理学家一开始就为量子世界的新概念发明新的术语,也许今天的我们就不会对量子理论感到如此陌生和恼火了。如果没有"波状量子"或"粒子状量子波"这种术语,取而代之的是"量子摇摇"或"物质啵啵",也许事情就会简单得多。遗憾的是,"波"和"粒子"这两个术语确实存在,不管我们愿不愿意,都只能忍受它们。

粒子和波

说到"粒子",我们会想到什么?也许是类似沙粒的东西。将一把沙子抛向空中,要想追踪其中一粒沙子的轨迹是非常困难的。但这在原则上又是可行的,因为我们可以确定,每一粒沙子都有自己的轨迹,它在某一时刻必然处于某个位置。

在将一把沙子抛向空中两秒后,某一粒沙子与地面之间的距离(以米为单位)一定是一个具体的数字。当然,我们可能永远无法精准地确定这个数字,但我们会假设这个数字是存在的。或者严谨地说,我们不知道这个数字,但大自然一定非常精确地知道这个数字。这个数字可能有无限多的小数位,但它是现实的一部分。使用的测量仪器越好,我们就能越精确地测量沙粒的轨迹,从而原则上越来越接近完美的、精确的现实。这就是经典物理学中粒子的图景。在量子理论发展之前，人们就是这样认识世界的。对于解决许多实际问题，经典物理学仍然是非常有用的理论。

我们在谈到"波"时，想到的是和粒子完全不同的东西。波是一种可以扩散的不平衡状态。池塘中光滑如镜的水面可能会因为投下一颗石子而失去平衡——这时就会产生水波。音乐厅里平静的空气可能会因为台上有人开始唱歌而失去平衡——这时就会产生声波。

波的运动方式与沙粒或石子完全不同。波不会在某一特定时间只出现在某一特定地点，而是会在某一特定时间覆盖不同的地方。当舞台上的歌手开始唱歌时，声波会扩散到整个大厅，扩散到我以及我左边七个座位上听众的耳朵里。掉进池塘里的石子会激起圆形的水波，水波同时向各个方向扩散，最终扩散至整个池塘，同时触及池塘边缘的不同地方。

波还有一个在根本上区别于粒子的重要特性：可以与其他波叠加。也就是说，两个波可以同时停留在一个地方，可以毫无阻力地相互穿透，并结合成一个整体。如果我们将两颗石子扔进同一个池塘，就会产生两个圆形的水波，从而形成错综复杂的波纹图案。当两个歌手在舞台上演唱时，他们的声波会结合在一起，形成更复杂的声音。

波还会与自身重叠。想象一下，一颗石子让池塘产生水波——非常均匀的水波：有一系列的波峰和波谷，波长始终相同。有规律的波在水中扩散，直到触及池塘边缘。在这里，水波会像回声一样被反弹回来，向池塘边缘移动的波峰和波谷与从池塘边缘反弹回来的波峰和波谷就会重叠。

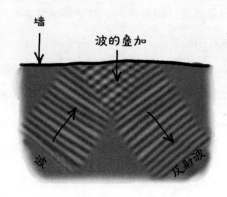

墙

波的叠加

波

反射波

在此过程中，它们会相加形成一个整体的波形：在波峰与波峰相遇的地方，会产生更高的波峰；在波谷与波谷相遇的地方，会产生更低的波谷；而在波峰与波谷相遇的地方，两者会相互平衡。这也许就是对"波"来说最重要的现象——干涉，即如果将波叠加在一起，它们就会在一些地方相互放大，而在另一些地方则会相互抵消。至于究竟是哪些地方，取决于波的形状和波长。干涉现象会导致产生复杂的波形。

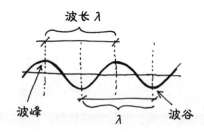

波长 λ

波峰 波谷

λ

波有波峰和波谷，两个波峰或两个波谷之间的距离就是波长，通常用字母 λ 表示。

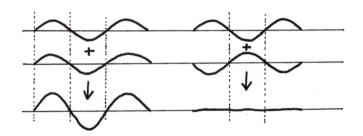

波的相加：如果两个波重叠在一起，波峰和波峰相遇，波谷和波谷相遇（左图），那它们就会相互加强，这就是"相长干涉"。如果一个波的波峰正好与另一个波的波谷相遇（右图），它们就会相互抵消，这就是"相消干涉"。

关键在于，只有波才具有这种特性。如果不是波，也就不存在干涉。一个被踢到墙上反弹的足球永远不会与自身发生干涉，形成有趣的波形。如果你在停车时试图把自己的汽车叠加到邻居的汽车上，它们不会叠加成一辆更复杂的汽车，而是都会被送进维修厂。干涉显然是波独有的现象。

什么是光？

因此，粒子和波通常很容易区分。但对光来说，情况就比较复杂了。光到底具有波的特性还是粒子的特性？光可以向各个方向传播，还可以很容易地叠加在其他光上。这就是为什么人们在现实世界不能使用光剑来进行对决。然而在日常生活中，我们通常并不能感知光的波形态。因此，光有可能是微小、极轻的粒子流。

这是历史上最伟大的物理学家之一——艾萨克·牛顿（Isaac Newton）的论断。牛顿是第一个明确提出万有引力理论的人，他摸索出了重要的力学原理，并计算出了行星的轨道。但他不满足于此，他还想解开光学之谜。《光学》（Opticks）是牛顿的伟大著作之一，在这部出版于18世纪初的著作中，他试图解释光的反射、折射和偏转等现象——通过将光描述为疯狂运动的微小粒子。

然而，荷兰学者克里斯蒂安·惠更斯（Christiaan Huygens）有不同的看法。他是一位天文学家，为制造更精密的天文望远镜而发明了透镜研磨机。为了解析光学仪器的原理，他使用了一种与牛顿的光粒子理论相反的理论。惠更斯认为，光是无数波的叠加。这显然也是一个有用的观点，因为借助光波理论，惠更斯进一步改进了透镜。

但在当时，与伟大的艾萨克·牛顿作对并不是一个好主意。牛顿并不擅长处理矛盾，任何支持光波理论的人都会遭到他的憎恶。而遭到伟大的科学权威——艾萨克·牛顿的憎恶，对任何人来说都不是一件愉快的事。这可能就是光波理论在当时没有真正流行起来的一个重要原因。

像惠更斯和牛顿之间的这种争论有时会拖慢科学发展的进程，这实在令人恼火，但它们并不能完全阻止科学的发展。于是，事情就这样自然而然地发生了：某天的某个时刻，一颗聪明的脑袋想出了一个好主意，让光学向前迈出了决定性的一步。这颗聪明的脑袋属于英国学者托马斯·杨（Thomas Young）。

19世纪初，在牛顿提出光粒子理论约一百年后，托马斯·杨设计了各种实验来研究光的波属性，其中就包括著名的双缝实验。

西红柿和水波的双缝实验

双缝实验的道具非常简单：一块有两条缝隙的板子——这就是你确定某物是不是波所需要的一切。我们很容易就能想到不同的东西穿过这两条缝隙时都会发生什么。

首先，让我们以经典物理学中绝对不是波的非常普通的物体为例——比如，熟透了的西红柿。我们用力把西红柿一个接一个地扔到墙上，墙上就会出现一大片红色的印迹。现在，想象一下，我们把一块有缝隙的板子放在这面墙之前，然后再扔西红柿。西红柿要么砸到板子上，要么穿过缝隙砸到后面的墙上。西红柿的印迹只会出现在缝隙的正后方，其他位置都被板子挡住了。

现在，如果我们在板子上再开一条缝，再扔西红柿。这次，我们会在墙上看到两块，而非一块红色的印迹：左边的印迹是西红柿通过

左边的缝隙造成的，右边的印迹是西红柿通过右边的缝隙造成的。

有一点可以肯定：如果我们堵住左边的缝隙，西红柿就只能从右边的缝隙飞过，从而产生一幅特定的西红柿泥图像。如果我们堵住右边的缝隙，西红柿就只能从左边的缝隙飞过，从而产生一幅不同的西红柿泥图像。如果两条狭缝都没有被遮挡，得到的西红柿泥图像就是前两个单缝图像的总和。这并没有什么令人惊讶或神秘的——这就是经典的物体运动方式。

现在，我们用波，比如水波，来做完全相同的实验。我们用一块板子将水池分隔成两部分，然后再在这块板子上划开一条缝。我们在板子的一侧创造出美丽且有规律的波浪，这些波浪会向板子的方向移动。只要波浪到达板子的位置，缝隙处就会成为新波浪的起点，新波浪以半圆形的形式在板子的另一侧扩散。水池中的一个固定点有时会遇到波峰，有时又会遇到波谷，波峰和波谷有规律地变换。

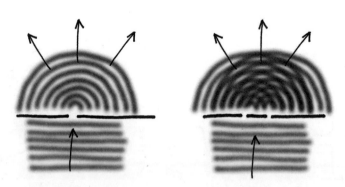

左图表示波浪向一块有一条缝隙的板子移动。这条缝隙成为一个新的半圆形波浪的起点。右图表示板子上有两条缝隙，因此出现了两个波浪，两者呈半圆形散开且相互重叠。

下面是实验的第二部分：我们在板子上切割出第二条缝隙。波浪会同时到达两条缝隙，于是它们都成为半圆形波浪的起点。带有缝隙的板子将我们制造的波浪变成了两个波浪，这两个波浪又相互重叠，从而形成了新的波形：在某些点上，波峰和波谷相互抵消；在某些点上，波峰和波谷得到加强。

我们不难想象这种波形的样子：现在，整个水池遍布来自左侧和右侧缝隙的波峰和波谷。有些位置到两个缝隙的距离完全相同，这就意味着，如果一个波峰从左侧缝隙到达那里，那么来自右侧缝隙的一个波峰也会同时到达，波谷亦然。在这种情况下，我们可以说：两个波之间没有相位差。

在这些位置上，波浪的起伏是最大的：波峰和波峰相加会形成更高的波峰，波谷和波谷相加会形成更深的波谷。两个波浪相互加强，这就是所谓"相长干涉"。

当然我们也可以观察其他的地方，比如到右侧缝隙三个波长，到左侧缝隙三个半波长的位置。这里的情况则大不相同：每当一个波峰从一个缝隙靠近时，一个波谷就会同时从另一个缝隙靠近，反之亦然。两个波浪总是相互抵消，这就是所谓"相消干涉"。在这种情况下，水面根本不会波动。

将视线往旁边移动，我们又会看到一个点，它与右侧缝隙距离三个波长，与左侧缝隙距离四个波长——差值正好是一个波长，这里仍然发生的是相长干涉，两个波也会以完全相同的相位到达。如果我们沿着水池边走，就会看到水面既有剧烈波动的地方，也有保持相对静止的地方，这是由一连串相长干涉和相消干涉导致的。

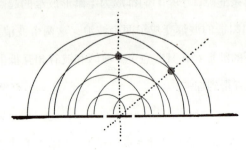

位于正中的灰点距离两条缝隙恰好都是三个波长。位于右侧的灰点距离右侧缝隙三个波长，距离左侧缝隙四个波长。来自两条缝隙的两个波都会以相同的相位到达这两个点。而在它们之间，存在一个距离右侧缝隙三个波长，距离左侧缝隙三个半波长的点。

水面的波动和静止只能用两个波的相互作用来解释。如果我们交替堵住其中一侧的缝隙，那么水池各处的波浪形状会变得大致相同。因此，双缝产生的波浪不只是单个波浪的总和。

作为波的光

现在，我们已经弄清了如何利用双缝来分辨某物是粒子还是波：粒子只能在双缝后面产生两个印迹——就像西红柿一样，而波则会产生一连串交替出现的波峰和波谷——一种连续不断的干涉模式。

让我们回到托马斯·杨的实验。基于以上理论，他想一劳永逸地确定光到底是不是波，那他只需要用光做一个双缝实验。房间里漆黑一片，只有一束光可以通过一个小孔射入，于是小孔对面的墙上出现了一个亮点。现在，把一张有两条紧密相邻的缝隙的卡片对着这束光，让光线穿过缝隙照射到对面的墙上。

两条缝隙会将光分成两束。如果光是一种波，我们看到的就是两个波，当它们同时到达对面墙上的同一个点时，这两者就会叠加在一起。事实上，托马斯·杨已经证明，光可以通过这种方式发生干涉，即产生明暗区域交替出现的规则条纹，就像人们认识的波。

这似乎推翻了艾萨克·牛顿和他的光粒子理论。光粒子理论无法解释这种干涉模式。幸好牛顿当时早已去世——如果他活着看到杨的实验，可能会非常恼火。

因此，光是一种波。这让我们理解了很多奇妙的事，比如光可以有不同的颜色，光的颜色与波长有关。红光的波长长，紫光的波长短。其他所有颜色的可见光的波长都介于两者之间。波长小于红色和大于紫色的光也存在，但我们的眼睛无法感知它们。

如果一摊水上有一层油膜，油膜有时会呈现丰富的色彩。一束光射到油膜上，经过反射，最后到达我们的眼睛。在这个过程中，光线可能会经过两条不同的路径——这与双缝实验非常相似。一部分光会直接被油膜表面反射，而另一部分光则会穿透油膜，在油膜和水的交界处被反射，然后到达我们的眼睛。

第二条路径稍长，因为在这种情况下，光会在油膜中走一些"弯路"。如果两条路径的长度差正好是波长的整数倍，那么就会发生相长干涉，两束光会相互加强。如果长度差是波长的整数倍加半个波长，那么它们就会相互抵消。

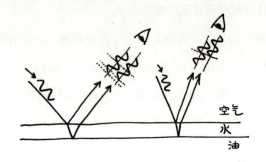

"弯路"的长度取决于光的入射角度：光束越平行于油膜，路径就越长；光束越垂直于油膜，路径就越短。至于长度是否相当于波长的整数倍，当然取决于波本身。每种波，即每种颜色的光，都有特定的入射角度，从这个角度照射，这种波长正好被放大。日光包含了彩虹的所有颜色，因此如果你以一定的角度观察水面上的油膜，就会看到彩虹。肥皂泡投射出五彩斑斓的颜色也是出于同样的原因。

托马斯·杨在他的双缝实验中使用了日光。因此，他并不像前面的水池双缝实验那样，只用一种波进行实验，而是同时用不同的波进行实验，这就使得他得出的结果不那么纯粹、清晰和简单。不同颜色的光会在不同的点达到波峰和波谷，这就是为什么托马斯·杨的实验产生了彩虹般的效果，类似于油膜上的光反射。

当然，这并不能否定托马斯·杨的决定性发现。在艾萨克·牛顿发表光粒子理论近一百年后，杨能够证明光是一种波。

你可能以为故事就此结束了：光粒子理论被推翻，光波理论赢了。

但事情并非如此简单。又过了近一百年，在20世纪初，瑞士的一个年轻人有了一些非常奇怪的想法，一切突然又变得不同了。这个年轻人叫阿尔伯特·爱因斯坦（Albert Einstein）。

爱因斯坦的光粒子

当时，人们正在研究一种新奇的现象，即光电效应：用光照射金属板，有时会使电子脱离金属板飞走。

人们发现这种效应取决于光的波长。波长长的光几乎没有能量——如果使用这种光，什么也不会发生。但是，如果使用的光波长越来越短（进入紫外线的范围），其拥有的能量就越来越高，从而达到一个临界点，使电子开始脱离金属板——光电效应就开始了。

听起来，这一切都很合乎逻辑，物体需要一定的能量才会发生运动。但令人惊奇的是，光电效应只与光的波长有关，光的强度在其中扮演的角色无关紧要。

如果使用波长特别长的光，无论我们如何增加光的强度，都不会引发光电效应。我们可以用世界上最亮的灯来照射金属板——但这样做永远不会使金属板释放出电子。

这就奇怪了。毕竟更强烈的光显然具有更强的能量，因为我们在明亮的阳光下会比在阴凉处更容易被晒伤。即使是水波，其拥有的能量也取决于波峰的高度。你可以轻松地用海浪来验证这一点，站在沙滩上，只有当海浪很高时你才会被它推倒。

那么，为什么即使光足够亮，我们也观察不到光电效应呢？如果红光的能量小于紫外线，那么极强的红光应该和微弱的紫外线产生相同的整体效果。

不尽然。你可以把这想象成雨落在房子的玻璃屋顶上。每滴雨的能量都太低，不足以损坏玻璃屋顶。因此，对玻璃屋顶来说，无论有多少雨滴打在上面都不重要，即使是最强的暴雨也不会摧毁它。冰雹比雨滴拥有更强的能量。一块足够大的冰雹，是可以击穿玻璃屋顶的。对玻璃屋顶来说，起决定作用的不是降水的总强度，而是单个粒子的能量——雨滴或冰雹具有粒子的特征。我们可以将两者分别称为"雨滴粒子"和"冰雹粒子"。

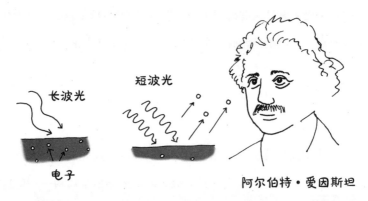

阿尔伯特·爱因斯坦

每个光子的能量由其波长决定。当光子被金属板中的电子吸收时，其能量就会转移到电子上。当波长足够短时，光子的能量就足以让电子离开金属板。

阿尔伯特·爱因斯坦意识到，光电效应之谜可以用完全相同的思路解开，而我们要做的就是假定光以独立的单位——光粒子——照射到金属板上。我们可以称光粒子为"光量子"或"光子"。在牛顿提出光粒子理论的两百年后，爱因斯坦再次将这一理论提了出来，真是勇气可嘉。

光的强度越大，光子就越多。因此，一束波长恰当的强光可以让更多的电子脱离金属板。但这不会增加转移到每个电子上的能量，因为每个电子只能被一个光子击中，两个光子同时击中同一个电子的概率极低。

只有当每个光子都有足够的能量使金属板释放出一个电子时，光电效应才会产生。如果进一步增强光子的能量，也就是说，使用更短波长的光，光子就能将更多的能量传递给电子，这就意味着电子飞离的速度会更快。因此，电子飞离的速度也只取决于光的波长，而与光的强度无关。

阿尔伯特·爱因斯坦对光电效应的解释表明，只有将粒子和波结合起来看，才能理解光。光具有类似粒子的特性——它以独立单位的形式存在，但这些单独的光量子或光子也具有波的特性，比如具有波长。这就是所谓光的"波粒二象性"。

光：不只是粒子，也不只是波

阿尔伯特·爱因斯坦发表光电效应研究成果时年仅26岁，这一研究成果也成为奠定量子理论最重要的基础概念之一——尽管他一生都对量子理论并不特别满意。不过，爱因斯坦在1921年获得诺贝尔奖并不是因为他提出伟大的相对论，而主要是因为他对光电效应的解释。

　　无论是"波"的概念还是"粒子"的概念,都不足以解释光是什么。光是不同于水波或沙粒的东西——尽管它可能与水波或沙粒具有某些相同的属性。猫也不同于狗或捕鼠器——但它与狗或捕鼠器也有某些相同的属性。

　　我们不应将光神秘化。如果有人断言:"光是一个永恒之谜!在实验中,光是如何'知道'自己应该表现出粒子特性还是波特性的呢?"那么这个人还没有理解一些重要的东西。光不会在粒子和波的状态之间来回跳跃。它始终是光,就像猫始终是猫一样。

　　如果你知道什么是立方体,知道什么是圆柱体,那你就能理解什么是圆锥体。它有一个圆形的底——就像圆柱体一样,它的顶部有尖角——就像立方体一样。没有人会觉得这很神秘,难以理解或困惑不已。我们没有必要写一篇哲学论文,来探讨圆锥到底是展现了圆柱体的特性还是立方体的特性。我们只需要了解一种新的几何形状,研究其特性,甚至找到计算其体积的公式——这就足够了。这样,我们就了解了圆锥体。

　　光不是粒子,也不是波。光是另一种东西,一种"量子摇摆"。我们要问:这种量子摇摆是如何表现的?我们如何看待在特定实验中观察到的结果?我们能以某种方式利用这些实验结果吗?

　　这正是有趣的地方:我们在头脑中创造了新的对象,它原本在我们的思维世界中是不存在的。这也许就是科学能带给我们的最美妙的东西——让我们思考那些我们认为不可思议的事情。它在我们的头脑中植入新的东西,让我们的思维变得广阔,拓展了我们的世界。

第二章

只在无人测量时

粒子在双缝实验中会发生什么？

为什么粒子只有在未被测量的情况下才准确？

为什么量子物理学远没有许多人所说的那么神秘？

电子、原子，甚至分子都具有波的特性。

应该没有人想扔掉诺贝尔奖奖章，但手握两枚诺贝尔奖奖章的乔治·德海韦西（George de Hevesy）认为必须把它们扔掉，而且要立即扔掉。

1940年，第二次世界大战爆发，纳粹政府禁止德国研究人员接受诺贝尔奖。因此，两位德国诺贝尔奖获得者马克斯·冯·劳厄（Max von Laue）和詹姆斯·弗兰克（James Franck）将他们金灿灿的诺贝尔奖奖章托付给了他们的丹麦同事，著名物理学家尼尔斯·玻尔（Niels Bohr）。他要保管好这些奖章，避免它们落入纳粹之手。

但在1940年春天，德国军队占领了哥本哈根。纳粹政府严禁将黄金带出国——而诺贝尔奖奖章上刻有获奖者的名字。如果纳粹在哥本哈根发现了这些奖章，就会导致灾难性后果。于是，玻尔的同事，化学家乔治·德海韦西建议将奖章掩埋。然而，尼尔斯·玻尔表示反对：如果纳粹发现了它们怎么办？留给他们的时间不多了。

于是，德海韦西想出了一个激进的办法：把金质奖章溶解在王水中。王水是盐酸和硝酸的混合物，可以分解贵金属。当纳粹搜查他们的研究所时，两枚奖章就被放在架子上不显眼的位置——以液体的形式。

战争结束后，德海韦西从王水中提取黄金，并将其交给瑞典皇家科学院，后者重新铸造了奖章。马克斯·冯·劳厄和詹姆斯·弗兰克就这样拿回了属于他们的诺贝尔奖奖章——其中的金原子就来自他们在战前委托给丹麦同事的奖章。

这两枚失而复得的诺贝尔奖奖章是20世纪初物理学的美好象征。马克斯·冯·劳厄研究的是波，詹姆斯·弗兰克研究的是粒子。马克斯·冯·劳厄证明X射线是一种波，而詹姆斯·弗兰克则证明原子只能吸收特定形式的能量——能量量子。不仅对人类社会来说，对物理学来说，20世纪初也是一个动荡的时期，很多理论在解体，重要的新观点在不断涌现。

波粒子和粒子波

虽然阿尔伯特·爱因斯坦已经证明，光波具有粒子的特性，但仍有一个悬而未决的问题：粒子是否也具有波的特性？这一点我们是无法确定的，因为如果火车车厢里的座椅非常柔软，那么在某种意义上它就具有沙发的特性，但这并不意味着我们家里的沙发也因此具有火车车厢里座椅的特性。

不过我们可以思考一下，如果我们有足够的想象力。年轻的法国物理学家路易·德布罗意（Louis de Broglie）就拥有丰富的想象力。他于20世纪20年代初期在巴黎的索邦大学进行博士研究，思考是否有可能将粒子与波相互关联。

德布罗意产生这个想法起初只是为了消遣。他随便借用了其他人提出的公式，将它们拼凑在一起，从中得出了粒子的频率和波长。这在数学上并不困难。然而，这在物理上是否有意义并与现实世界有关，还远未可知。

由于当时还没有可以测量粒子波长的实验，因此路易·德布罗意的博士生导师保罗·朗之万（Paul Langevin）并不完全相信他学生的论文。他向德布罗意索要了一份论文副本，并将其寄给了阿尔伯特·爱因斯坦。

德布罗意的观点迅速在当时物理学界的名人之间传播开来。最初，关于这一观点的评价褒贬不一。马克斯·普朗克（Max Planck）后来回忆说，他当时非常怀疑："这个想法太大胆了——坦率地说，我自

己也对它摇了摇头。"据传,荷兰物理学家亨德里克·安通·洛伦茨
(Hendrik Antoon Lorentz)的看法和普朗克一样,他还批评道,"这些年
轻人"过于轻视传统物理概念。然而,阿尔伯特·爱因斯坦一看到大
胆的粒子波理论,就对它着迷了。

根据德布罗意的理论,每种粒子都有一个波长——不仅光子如此,
电子、原子甚至分子等有质量的粒子都是如此。原则上,你也可以给
西红柿、猫或轮船测量波长,但对大型物体来说,其波长短到根本无
法探测到它们的波特性。

德布罗意认为,波长取决于粒子的动量:粒子的质量越大,移动
速度越快,波长就越短。电子很轻,但按照宏观世界的标准,它们的
移动速度非常快:即使是普通家用电器的电压,也能将电子的速度增
加到1万千米/秒。利用路易·德布罗意的公式,我们现在可以计算出
这种电子的波长很短,比可见光的波长短得多。

如果这是真的,那该如何证明呢?原则上,我们可以像托马斯·杨
研究光的波特性一样,用双缝实验来研究电子或其他粒子的波特性。

双缝中的粒子

假设我们有一块微小的双缝实验板,并用量子粒子(概念解释见
第222页)轰击它。如果我们先堵两条缝隙中的一条,那么粒子只能
从另一条缝隙飞过。也许有些粒子会因为撞到狭小缝隙的边缘而发生
偏转,但我们可以假设,大部分粒子会以笔直的路径穿过缝隙。如果

缝隙后面有一堵墙，那里毫无悬念地会产生一块粒子光斑，不会出现其他的现象。

我们可以交替堵住一侧的缝隙。这样，光斑有时会在右侧出现，有时会在左侧出现。我们假设这两块光斑会相互重叠，有一个区域在两种情况下都会被粒子击中。但是，无论我们堵住哪条缝隙，都看不到波形。

当我们同时打开两条缝隙时会发生什么？是每个粒子像被扔到墙上的西红柿一样沿着一条清晰的路径通过缝隙，还是每个粒子像水波一样会同时通过两条缝隙？

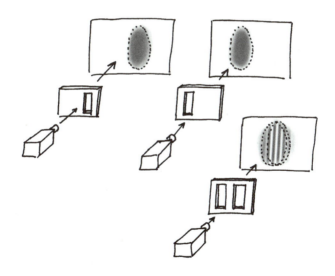

如果我们进行这个实验，就会发现在双缝后面确实出现了有明暗条纹的干涉图案，正如我们在经典波实验中所见到的那样。某些地方有许多粒子到达，而另一些地方则几乎没有粒子到达——德布罗意的

假设是正确的：粒子具有波的特性。

最关键的证据是：这个图像并不是分别堵住一侧缝隙时得到的两个图像的简单相加。

这的确是一件怪事。雨水从一扇天窗飘进来后，会在地毯上留下水渍；雨水从另一扇天窗进来后，会在地毯上留下另一片水渍。如果把这两扇天窗都打开，那么从逻辑上讲，地毯上会留下一片更大的水渍，这片水渍是分别只开一扇窗时产生的两片水渍的总和。同时，如果地毯的一个位置在开任意一扇天窗时都变湿了，那么这个位置在两扇天窗同时打开时一定不会保持干燥。

但双缝实验中的干涉图案展现出的完全不是这样：当只打开一条缝隙时，不管是左边的还是右边的，墙上都有特定的位置会被粒子击中。但当两条缝隙同时打开时，这些位置就不再被粒子击中了。这意味着：两条缝隙是否都打开会影响粒子的行为。从某种意义上说，粒子"知道"两条缝隙是否开闭。

因此，我们必须放弃"粒子会沿着明确路径运动"这一默认观点。干涉图案中的亮纹和暗纹告诉我们，"粒子通过左侧缝隙"和"粒子通过右侧缝隙"这两种可能性并不是独立存在的。"粒子波"或"波粒子"——不管我们怎么称呼这种量子摇摆——会同时穿过两条缝隙。波与自身重叠，并在特定的位置消失。这种抵消只能用波的干涉来解释。

晶体小把戏

在路易·德布罗意的时代，人们还无法进行真正的粒子双缝实验，因为当时很难制造如此微小的双缝结构。不过，有一个小把戏可以让事情变得简单得多——这个小把戏通过马克斯·冯·劳厄为人所知，他因此获得的诺贝尔奖奖章就溶解在哥本哈根实验室架子上的王水中。

马克斯·冯·劳厄想要证明X射线的波特性。为此，他遇到了一个非常相似的问题，因为就像电子一样，X射线的波长也非常短。于是，冯·劳厄用晶体代替了双缝。毕竟晶体在本质上就是规则排列的原子，原子之间的空隙微小而均匀。波可以以不同的方式同时穿过这些空隙，然后与自己重叠，形成干涉图案，就像双缝实验中的波一样。

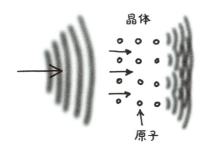

显然，人们可以用晶体轻易地证明电子的波特性。这个实验在很短的时间内被独立完成了两次——分别在美国和苏格兰。在这两次实验中，晶体都受到了电子的轰击，并且都出现了清晰可辨的干涉图案。

路易·德布罗意因其提出的理论于1929年获得诺贝尔奖，乔治·帕吉特·汤姆逊（George Paget Thomson）等人则因为用实验印证了德布罗意的理论而于1937年获得诺贝尔奖。这形成了一个奇特的环：乔治·帕吉特·汤姆逊的父亲是J.J.汤姆逊（J. J. Thomson），他曾在1906年获得诺贝尔奖。J.J.汤姆逊因发现电子是粒子而获奖，而他的儿子则因证明电子是波而获得诺贝尔奖。两人都是对的。

波特性不仅可以在电子上观察到,也可以在更大的粒子上观察到。1929年,奥托·斯特恩(Otto Stern)用氦原子轰击盐晶体,也观察到了干涉图案——氦原子也是粒子波。氢分子亦然。因此,不仅基本粒子具有波特性,由多个基本粒子组成的更大的粒子也具有波特性。

双缝中的粒子们

然而,我们不得不承认:我们现在仍然不能100%证明每一个粒子的运动都像波一样。毕竟,我们研究的不是单个粒子,而是由无数粒子组成的粒子束。

也许虽然粒子束同时穿过了两条缝隙,但每个粒子仍然只能飞过其中一条?也许每个粒子都"选定"了一条缝隙,但随后受到穿过另一条缝隙的其他粒子的干扰而发生偏转了?也许干涉图案根本与波无关,只是粒子之间某种复杂的斥力效应的结果?

挽救经典粒子图景的最后机会出现在1989年,即进行首次粒子波实验的数十年后,日本物理学家外村彰证明了电子只会穿过一条缝隙——但这是错误的。外村彰将电子送入双缝,但没有使用由许多电子组成的强大电子束,而是将电子逐个送出。他使用的电子束非常微弱,使得实验装置中始终都只有一个电子。这就排除了多个电子在途中相互影响的可能性。

每个电子独自穿过双缝后,就会飞向粒子探测器并被记录下来。

过不了多久，你就会得到一堆看起来毫无意义的点，看起来似乎没有秩序、逻辑和结构。

但如果你继续进行实验，随着被记录下来的电子越来越多，情况就会发生变化。你会慢慢意识到，并非探测器的所有区域都会以同样的频率受到电子的撞击。一些位置有很多电子被记录下来，而另一些位置则几乎没有电子。随着一个电子又一个电子被测量，一个点又一个点被记录下来，你会观察到条纹干涉图案逐渐显现，就像我们在光波双缝实验中见到的那样。探测器上的明暗条纹越来越清晰可辨。

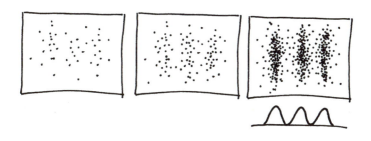

如果将电子逐个送入双缝，就可以看到粒子和波的特性是如何交织在一起的：每个电子都在一个特定的点上被测量到，这说明了电子的粒子特性。然而，这些点的分布遵循着波的模式，只有假设每个电子都同时穿过了两条缝隙，才能解释这种模式。这说明电子具有波的性质。

如果能测量到

单个电子在粒子探测器上产生的图像告诉我们，每个电子都以波的形式穿过了两条缝隙。但是，如果我们还是想知道电子到底是从哪条缝隙通过的，那该怎么办呢？我们当然可以在双缝实验中安装额外的测量装置，检查电子在飞行过程中的情况。

例如，我们可以在左侧缝隙的后面安装一个传感器，用以检测是否有粒子经过。如果传感器记录到粒子，灯就会亮起。除安装了传感器外，我们进行实验的方式和前面提到的完全一样：每个粒子都被射向双缝，然后被记录下来。现在，我们还能进一步找出它所经过的路径：在50%的情况中，灯亮起，说明粒子从左侧缝隙中飞过；在50%的情况中，灯不亮，说明粒子一定是从右侧缝隙中飞过的。

你可能会认为，这个额外的传感器根本不会对粒子造成影响——事实并非如此：只要我们使用这个传感器，干涉模式就会消失。我们观察到的不再是由明暗条纹组成的波形图像，而是分别堵住其中一条缝隙时得到的两个光点图像的总和。

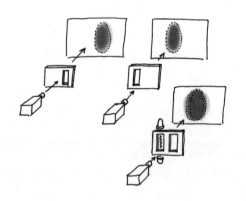

附加传感器的双缝实验：一旦我们安装一个附加传感器来告诉我们粒子走了哪条路径，波形就消失了，粒子再也不能同时走两条路径了。

这真是令人感到惊奇。毕竟我们并不能决定粒子走哪一条路径，大自然仍然有自由选择的权利。但是由于我们的测量，粒子不再有同时走两条路的选择。感应灯要么亮，要么不亮，两者不可能同时发生。粒子只能选择其中一条路径，波特性就消失了。

因此，粒子是否以波的形式同时通过两条缝隙，从而产生干涉图案，取决于我们是否进行额外的测量。这可太奇怪了。通常，我们会假定存在一个确定的现实，不管我们是否观察得到它。我的冰箱里是否有奶酪，并不取决于我是否打开冰箱门看看里面；月亮肯定也是存在的，即使没有人抬头看它。

然而，量子粒子的波特性不一样：测量会不可避免地影响被测物体。爱因斯坦也不愿意相信这一点。测量结果取决于某物是否被测量到——这在他看来是不可能的。在很长一段时间里，爱因斯坦都认为，只要有一个精密的测量系统，就可以在不影响实验的情况下，清楚地确定粒子在双缝中真实的运动轨迹。但他错了。

事实证明，无论你想出什么花招，只要你以某种方式迫使粒子显示出它是从左侧还是从右侧缝隙穿过的，粒子就会放弃同时穿过两条缝隙——干涉图案就消失了。

测量不是魔法

这意味着什么呢？如果说测量会影响粒子——那粒子如何知道我们是否在测量它呢？如果传感器测量到了粒子，但灯坏了呢？那我们就永远不知道粒子走了哪条路径。我们到底有没有测量到它呢？如果我喝醉了，或者忘记戴眼镜，只能模糊地看到显示屏，这也算测量吗？

正是这样的问题常常导致重大误解。不幸的是，测量对结果的影响常常被形容成是神秘莫测的魔法。有些人往往说着冠冕堂皇的话，叹息道："测量者决定测量与否，而这恰恰决定了结果！因此，物理现实是由有意识的行为创造的！物质会受到思想的影响！是我们的意识创造了现实！"

这是无稽之谈。量子粒子与我们人类的意识完全无关。在这一点上，你必须非常谨慎，不要在无意中被科学与神秘主义的边界绊倒，摔进另外的世界。的确，是否进行测量确实会影响测量结果。但是，"结果取决于测量与否"或"只有在没有人测量的情况下实验才有效"只能算说对了一半。我们必须清楚地明白这里的"测量"到底是什么意思。

无论进行测量的是人类，还是机器人，抑或是西伯利亚花栗鼠；无论我在实验过程中是烂醉如泥，还是睡着了，抑或是在聚精会神地观察，这些都无关紧要。诸如"心灵""意识""有意识地观察"之类的术语在这里不起任何作用。

唯一重要的是：是否进行了测量。更准确地说：粒子是否与世界的其他组成部分进行了接触——这正是测量的意义所在。当我们测量一个量子粒子时，我们会让它与由许多粒子组成的大型物体接触——与测量设备接触，与我们接触，与我们所在的实验室接触。这就决定了它的状态。

一旦关于粒子走的是一条路径还是另一条路径的信息以某种方式被保留下来，粒子的路径就被确定了，波特性就会消失。只要这种信息原则上存在就足以使波特性消失。至于粒子是被人感知到的，还是被机械装置感知到的，或者仅仅是被周围的空气分子"感知"到的，这并不重要。

小世界与大世界的碰撞

当粒子飞向粒子探测器时，它与世界的其他组成部分几乎没有任何关系。此类实验通常会在真空室中进行，这样粒子在飞行途中就不会与其他粒子发生碰撞，来自外部的电场也会被完全屏蔽，粒子仿佛被完全孤立。它拥有属于自己的"小量子系统"，因此其行为完全符合量子理论规则。

但是，当它以迅雷不及掩耳之势冲向粒子探测器，并立即与无数其他粒子接触时，在几分之一秒的时间里，其能量被传递给了成千上万个其他粒子，最终一个粒子的微观行为变成了一个宏观信号：也许是一个由数万亿个原子组成的机械指针在测量装置中移动，也许是产生了由数以百万计的电子传递的电脉冲。

因此，粒子与测量装置的碰撞是两个世界的碰撞：一个是适用量子理论规则的微观世界，另一个是适用我们日常经验的宏观世界。在微观世界中，"波"和"粒子"等术语毫无意义；而在宏观世界中，"波"和"粒子"是两种定义明确、完全不同的东西。

我们知道，我们无法用同样的术语、规则和法则来描述微观和宏观，我们必须接受这一点。而量子物理学是这两个世界的接触点，即测量过程，因此才会显得如此复杂、混乱和奇怪。

尽管我们已经可以计算出测量过程中发生的事情，但测量过程仍未被完全理解。也许它永远也无法被完全理解（后面有关薛定谔的猫的章节将对此进行详细讨论）。正是在这一点上，围绕量子理论产生了许多令人困惑的哲学问题，这些问题也给阿尔伯特·爱因斯坦等天才带来了巨大的困扰。

无须神秘化

在20世纪上半叶，量子物理学的确令人困惑和感到神秘。即使是世界上最伟大的物理学家也不得不慢慢厘清思路，对新发现的量子怪异现象想出有意义的解释。

这一时期还流传着各种各样的名言，这些名言如今有很多翻译版本。例如，尼尔斯·玻尔曾说过："如果你一开始没有对量子理论感到恐惧，你就不可能理解它。"这句话听起来既有趣又荒谬，但它高度精确地概括了所有自然现象的理论。不过，我们现在确实没有理由再"感到恐惧"了，毕竟量子理论已经存在一百多年了。

马克斯·普朗克说过："心灵是一切物质的起源。"这句话听起来颇有神秘主义色彩，似乎人类的思想要对粒子的行为负责。即使在今天，这句话也常常被误用来作为支持神秘主义的论据："连马克斯·普朗克都说，根据量子理论，心灵和物质是相互交织的。我们肯定可以用心灵的力量影响物理对象！如果意识可以改变实验结果，那么我们当然也可以通过积极思考向宇宙下达指令，用纯粹的精神力量来创造幸福和健康！"

当然，这些都与真正的量子物理学无关。在量子研究的最初阶段，即使是地球上最聪明的人也会感到困惑，不知道如何解释这个奇怪的新理论，这是可以理解的。时至今日，量子物理学依然令人困惑，但它并不神秘。与刚发现量子理论时相比，今天的我们更容易理解量子理论——这并不是因为今天的我们比爱因斯坦和与他同时代的人更聪明，而仅仅是因为我们能够使用从那时起积累的无与伦比的知识。

第三章

量子跃迁：将世界分成小块

马克斯·普朗克如何用"怪招"创建了量子物理学？

尼尔斯·玻尔的原子模型为何美丽却错误？

不确定性原理与射击有何关系？

在最小的单位上，自然界变得飘忽不定。

早在还没有人产生"粒子具有波特性"这一奇怪的想法之前，量子理论就诞生了。一切始于1900年的一天，马克斯·普朗克在一张纸上写下了一个字母h。这本来只是一个不入流的数学小把戏，但马克斯·普朗克的举动在不经意间改变了世界。量子时代就是被这个小小的h开启的。

当时，马克斯·普朗克正在研究热辐射现象。当一块金属被加热时，它会开始发光。金属会同时发出不同的光——波长特别长的红外线、可见光和波长较短的紫外线。

金属发光的波长范围取决于其温度。起初，它发出的是红色光，

波长较短、能量较强的蓝紫色调并不明显。温度进一步升高，光的颜色就会发生变化，变为黄色。在温度极高的情况下，还可能出现蓝白色的光。

温度不同，颜色不同。恒星也是如此：红巨星是温度相对较低的恒星。我们的太阳温度更高，它的表面温度约为5500摄氏度，也就是说，这是淡黄色光的温度。温度更高的恒星则呈蓝白色。

然而，产生热辐射的不一定是金属或恒星。万物都会产生热辐射，包括人、花盆和冰块，只是它们的温度比恒星低得多。这就是为什么我们无法用肉眼看到它们的热辐射，它们热辐射的波长太长了。

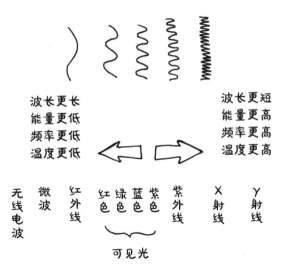

有趣的是，事实证明热辐射只取决于温度，与其他因素无关，物

体的大小、形状和材料都无关紧要。在温度相同的情况下，一根烧红的金属棒会发出与恒星相同的颜色。如果国际空间站爆炸，里面的一个马桶盖坠入大气层时达到了这个温度，它也会发出同样颜色的光。

马克斯·普朗克的无奈之举

如果真的这么简单，那肯定存在一个完美的物理法则可以用来计算这种发光现象，马克斯·普朗克如此想。这个物理法则似乎近在咫尺。事实上，当时已经有了一些公式，在长波范围内，其计算结果与测量结果非常吻合。然而在短波范围内，它们给出了十分荒谬的结果——无限强的热辐射。

当然，实际情况不可能是这样。任何物体都不可能辐射出无限的热能。如果是这样，物体就会向其他所有物体传递无限的能量，那么整个宇宙都会燃烧起来，简直是一场灾难。

马克斯·普朗克利用这些公式发现了我们现在所说的"普朗克辐射定律"。通过反复试验，他找到一个公式，其计算结果与已知的测量结果完全吻合。但一个数学公式本身并没有多大的价值，还要能够对其进行物理解释——这正是缺失的一部分。所以马克斯·普朗克努力为他的公式寻找一个结论性推导。

由于无法做到这一点，他迫不得已使出了一个"怪招"：他试探性地假设热辐射中的能量不能以任意数量释放，而只能以特定的形式——"能量量子"的形式释放。一个物体在特定波长上可以发射1

个能量量子，也可以发射2个，甚至8079个，但只允许发射整数个能量量子。不存在半个能量量子。

这些能量量子的大小是 f 乘以 h，其中 f 代表辐射的频率，h 只是一个"辅助量"。马克斯·普朗克也无法说明这个"辅助量"从何而来。它只是一种猜测，没有任何证据和理由。他后来写道："总而言之，整个解释过程其实是一种无奈之举。"但是，有了"能量只能以整数个能量量子的形式发射"这一假设，辐射定律突然可以用数学方法推导出来了。

1900年，马克斯·普朗克在计算公式中使用了一个字母 h，此后它被称为"普朗克常数"，它已成为现代物理学中最重要的自然常数之一。通常，"h 除以 2π"比 h 更实用——这就是为什么人们为此发

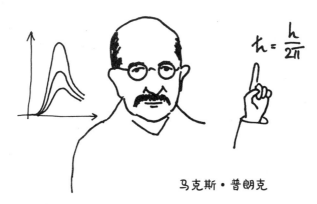

马克斯·普朗克

马克斯·普朗克著名的"$\hbar$"：普朗克常数除以 2π 通常被称为"约化普朗克常数"。它代表一个不太直观的物理量：能量乘以时间，或动量乘以长度。这很难想象，但你也不必想象。你只要知道大小为 h 或 $\hbar$ 的"作用部分"在量子理论中发挥着重要作用就足够了。

明了一个符号:ℏ(念作"h拔")。这是一个在量子理论中反复出现的符号。

多年后,阿尔伯特·爱因斯坦证明光是由光子组成的,才真正解释了这个问题:某些东西发光时,会发出光子——但它只能发出整数数量的光子,因此其辐射出的能量也只能是特定的大小。

只能解释一个现象的伟大模型

但是,当物质发出或吸收光时,究竟会发生什么呢?要想彻底解决这个问题,最好不要去观察发光的铁条或闪亮的星星等复杂的大型物体,而是要看尽可能简单的东西,比如一个原子,并且是最简单的原子——氢原子。

早在量子物理学还未出现的19世纪,科学家就已经证实:氢原子可以吸收光,但只能吸收特定波长的光。任何其他波长的光对氢原子来说都没有什么意义。

尼尔斯·玻尔试图解释这一现象,并于1913年提出了著名的原子模型。当时,人们对原子已经有了很多了解:原子由一个微小的带正电荷的原子核和围绕原子核运动的带负电荷的电子组成,但它们是如何运动的呢?当时的人们对此仍然一无所知。

有一点很清楚:电子和原子核相互吸引,就像恒星和行星相互吸引一样。那么,我们能否把原子想象成一个微型的太阳系?电子能否像行星绕恒星运行一样,围绕原子核做近圆形的轨道运动?

事情并非如此简单。当时人们已经知道了电动力学定律，它告诉人们，如果一个带电物体做圆周运动，就必须辐射能量。然而，如果电子在围绕原子核的轨道上不断辐射能量，那么电子的能量在很短的时间内就会耗尽，它会像燃料耗尽的飞机一样"坠毁"。在运行轨道上，电子会不断地向内做螺旋绕圈运动，直到几分之一秒后与原子核相撞。

显然，事实并非如此——否则就不会有这本书了。但这到底该如何解释呢？尼尔斯·玻尔猜测："也许大自然只允许电子以特定的轨道绕原子核运行，而所有其他运行轨道都是物理层面禁止的。"

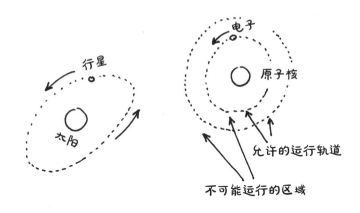

如果进一步知道电子具有波特性，这个想法就可以成立了：如何在围绕原子核的圆形电子轨道上画一圈波浪线？选取轨道上的某处作为起点，然后画波浪线。但是在绕了一整圈后，波浪线的终点必须与起点无缝衔接。也就是说，如果你从波峰开始画，那么在绕了一圈后，波浪线的终点不可能处于波谷，否则电子波在这一点上就不会有唯一

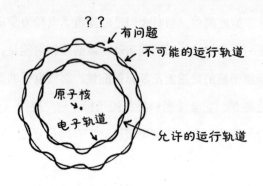

的值，而是两个不同的值。

　　这意味着：围绕原子核的这个圈，必须正好能够容纳整数个波长。这个圈可以有1个波长那么长，也可以有2个或者27个波长那么长，但绝对不可能有2.4个波长那么长。只有特定长度的圈是被允许的。我们可以这样说：电子轨道的长度是量子化的。

　　绕太阳运行的行星的情况就不同了，我们不必考虑波长的问题。从理论上讲，如果火星稍微远离太阳，它仍然可以在物理层面允许的轨道上运行。但对电子来说，些许偏移是不被允许的。尼尔斯·玻尔称：允许的运行轨道旁就是禁止区域，禁止区域的另一侧是下一个允许的运行轨道。因此，电子不可能以轨道逐渐缩小的螺旋方式撞击原子核。它最多只能从一个允许的轨道突然跳到另一个允许的轨道——这就是所谓"量子跃迁"。

　　这一原子模型在当时具有革命性意义。尼尔斯·玻尔用它奇妙地解释了为什么原子只能发出或吸收特定波长的光。如果有一束光，其波长恰好能让电子从一个允许轨道移动到另一个允许轨道，我们用它来照射原子，那么这束光的一个光子就会被吸收，电子就会获得改变轨道所需的能量。另外，如果原子受到其他波长的光的照射，而其波长与任何轨道转换所需的能量都不匹配，那么什么也不会发生。这种光的光子对该原子中的电子没有任何影响。

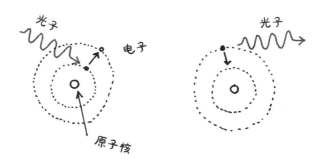

反过来，根据这一模型，原子也可以发射光子：如果处于高能轨道上的电子自发地切换到低能轨道上，它就必须把多余的能量释放，其做法就是发射光子。

这个简单的原子模型做得非常漂亮，也极具启发性。唯一的问题是，它并不完全正确。玻尔的原子模型是非常粗糙和不完整的。老实说，它与现实并没有太大关系。

在尼尔斯·玻尔的脑海中，电子有特定的波长，但它不是真正的波。它不会像我们了解的声波那样在空间中扩散，而是像行星一样"老实"地停留在一个精确的圈上。这只是对现实的估算。对于许多其他重要问题，玻尔的原子模型都无法给出答案。例如，当两个原子形成化学键时，电子会发生什么变化。

　　玻尔的原子模型只在原子中有一个电子的情况下，能提供有意义的结果。符合这种情况的只有氢原子。然而，只要多加一个电子，玻尔原子模型就会崩溃。

量子是现实世界的像素

　　尽管玻尔的原子模型并不完美，但无论如何，它都让我们认识到了很有价值的一点：某些物理量有时只能取特定的值。在玻尔的原子模型中，电子轨道只能设置特定的长度，所有其他长度都是不可行的；而原子可以吸收或释放的能量也只有非常有限的允许值，其他的值都是不可能的。

　　这种想法实在非同寻常。毕竟，我们通常认为自然界中的量可以在连续的范围内任意取值。足球可以以7米/秒的速度在空中飞行，或者是7.5米/秒，抑或是介于两者之间的任何速度。一个西红柿在花园里不断生长。昨天它重37克，今天重41克，那么在昨天到今天的某个时刻它的重量肯定达到了两者之间的一个值。自然界里没有"飞跃"——我们通常是这么认为的。但马克斯·普朗克和尼尔斯·玻尔告诉我们：事情并非如此绝对，有些物理量是量子化的。

　　在微小粒子的世界中，我们经常会遇到这种量子化现象。例如，想象一个原子像钟摆一样来回摆动，我们只能观察到特定的摆动方式，并且它具有特定的摆动能量。再想象将一个粒子锁在一个小盒子中，并计算它在盒子中的运动方式。然后我们就会意识到，这个粒子只能以特定的速度运动，其他所有速度值在数学上都是不可能的。

如果一个物理量是量子化的，那么它就不可能连续变化。房间的温度可以慢慢升高，游泳池的水位可以慢慢上升。如果游泳池以前是空的，现在是满的，那么中间一定有一个时间点是半满的。而量子化的量则是突然变化的，即从一个允许值跳到另一个允许值，不存在一个中间值。它以特定单位发生变化，也就是量子。量子理论正是基于这一思想而得名。

电荷是量子化的。这很容易理解，因为它总是以单个粒子的属性出现：电子带负电荷，质子带正电荷。如果从一个原子中拿走7个电子，它的正电荷就会增加7个元电荷[1]。把19个电子锁在一个盒子里，它就会带19个元电荷的负电荷。但是，世界上没有任何东西带有12.4个或$\sqrt{2}$个元电荷。

但是，"量子"不只与粒子的数量有关，它具有一般性。当我们谈论"量子"时，我们还可以指能量、粒子的角动量，甚至是粒子旋转的路径长度。从普遍的意义上讲，"量子"只是描述了自然界的性质。

连续的世界只是假象

但是，如果大自然是量子化的，那么为什么它在日常生活中看起来却是连续变化和平滑过渡的？如果盒子里的电子只能以特定的速度运动，那么为什么我们可以让网球在鞋盒里滚来滚去，并赋予它任意

1　指最小的电荷量，一个电子或一个质子所带的电荷量。——编者

速度？如果原子只能做特定的摆动，那么为什么我们可以用一根线将一个铁球从天花板上垂下来，让它任意摆动？

严格来说，这些都是假象。如果用量子物理学公式重新计算铁球的钟摆运动，就会发现铁球也只能以特定的频率振荡。所有的中间能量值在物理上都是不可能的，然而，有许多不可测得的能量值非常接近，以至于我们无法进行区分。用常规方法是无法精确测得铁球摆动能量的，以至于我们根本无法注意到它的量子化。

我们无法注意到量子，可能是因为它们太小了。我们在日常生活中根本无法发现某些物理量是不连续的。这就像看屏幕：如果你离屏幕很近，仔细观察就会发现：屏幕上的图像是由像素组成的，像素很小。一个图像可以是2个像素宽，也可以是3个或712个像素宽，但不可能是4.5个像素宽。你在屏幕上不可能找到小于1个像素的细节，屏幕上只能显示整数个像素。但只要你稍微远离屏幕，就不会注意到任

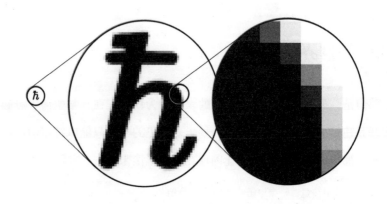

何像素。总的来说，图像看起来是完全平滑连续的。你可以把像素称为"图像量子"，它们太小了，对我们来说微不足道。但它们确实存在，就像物理学中的量子一样。

就是测不准

不确定性原理是另一个只有在微小尺度上才能清晰可见的重要原理。它告诉我们，有些物理量无法同时精确测量。

例如，我们不可能同时精确地知道一个粒子的位置和动量（或速度）。我们可以准确地知道一个粒子的位置或速度，但不可能同时知道这两者。我们对位置的了解越精确，对动量的了解就越不精确，反之亦然。

遗憾的是，不确定性原理常常被误解。这主要是由于维尔纳·海森堡（Werner Heisenberg）对不确定性原理的表述方式在今天看来有些混乱——也许他当时并没有了解这个发现的全部意义。

不确定性原理很简单：假设有一个正在移动的微小粒子，我们要尽可能精确地测量它的位置。例如，我们可以使用一束光，它能够非常精确地聚焦在一个点上。如果我们通过移动这束光找到粒子，那么根据粒子反射的一点儿光，我们就能知道它的位置。如果我们连续两次这样做，就可以测量出粒子在这两次之间移动的距离，并计算出它的速度（或它的动量，即速度乘以粒子的质量，我们假设其质量已知）。

　　如果用这种方法，粒子位置的精确度就取决于我们使用的光束。如果光束聚焦到一微米的范围内，那么我们就能准确地知道粒子在微米量级的位置。如果这还不够精确，我们就要使光束更聚焦。例如，我们可以用波长较短的X射线代替可见光，或者用波长更短的 γ 射线。波长越短，光束的聚焦效果就越好，测量的精确度就越高。

　　但波长越短意味着能量越高。用X射线或 γ 射线轰击粒子，就意味着用能量非常高的光子轰击它，能量就不可避免地被传递给粒子，从而显著改变其速度。

　　于是，我们陷入两难境地：使用长波光几乎不会干扰粒子的动量，但只能粗略地测得粒子的位置；使用短波光可以精确地测得粒子的位置，但无法知道它的准确动量，因为在测量过程中我们不可避免地会改变它的动量。

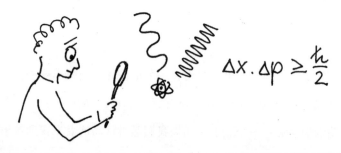

$$\Delta x \cdot \Delta p \geq \frac{\hbar}{2}$$

精确测量是不可能的——至少不可能同时精确地测量位置和动量。如果用数学方法验证位置和动量，就可以证明这一点：如果将二者相乘，其结果一定大于 $\hbar/2$。这就是不确定性原理。一个量的不确定性越小，另一个量的不确定性就越大。如果其中一个量的不确定性正好为 0，理论上另一个量的不确定性就必须为无限大。

因此，正如维尔纳·海森堡所说，你必须决定是精准地确定粒子的位置还是动量，或者选择折中之法——不那么精准地同时确定两者的值。

粒子就像口哨声

但不确定性原理令人困惑，似乎位置或动量的不确定性是测量行为的结果：如果不通过测量改变粒子的状态，就无法测量粒子，因此测量行为被证伪了。这给我们带来了希望：也许只要想出一种更智能、更温和的测量方法，问题就能迎刃而解！

然而，这种测量方法是不存在的。不确定性原理的产生并不是因为粒子的位置或动量在测量过程中发生了变化，而是因为粒子本身没有这些信息。位置和动量根本无法同时独立存在。只要你精确地测量了位置，动量就无法被精准地确定；只要你精确地测量了动量，位置就无法被精准地确定——这既不是因为我们的测量方法不对，也不是因为我们忽略了什么，而是因为自然界本身并不包含这些信息。

这听起来有点儿奇怪，但它是从每个粒子都是波这一事实中得出的结论。粒子在哪里？当然是在它产生波峰的地方。粒子的速度有多快？根据路易·德布罗意的观点，它的动量取决于波长——波长越短，移动速度越快。

要想最精确地确定粒子的位置，波形应该是什么样的呢？当波只有一个特别尖锐的波峰，其他地方都为0，此时测量值最准确。但这种波的波长是多少呢?无法测量。在这种情况下,我们不可能以任何有意义的方式讨论波长。因为数学运算可以证明,这种波包含了无限多个波长——从极其微小的波长到巨大无比的波长。

那么,为了准确地确定波的动量,波必须是什么样的呢?这一点也很清楚:它必须是一个美丽的有规律的波,在完全相同的距离上有多个波峰和波谷。但这样的话,波就会遍布整个空间,因此粒子在同一时间无处不在,我们同样不可能以任何有意义的方式讨论其位置。

不同的波告诉我们不同的事情:就最左边的波而言,它的位置非常清楚。然而,我们在这种情况下不能真正谈论它的"波长"。最右边的规则波有清晰可测的波长——但它延伸的范围很大,我们无法准确说出它的位置,它无处不在。而中间的波是左、右两个"极端波"的折中版本,但它的位置和波长都相当模糊。

声学中有一个非常类似的现象:悠长的口哨声由许多有规律的声波组成,它的音高(声波的频率)就很容易确定。所以我们能够很容易地哼出由这种音调组成的旋律。但枪声呢?枪声极短,因此我们可以非常精确地确定其时间,但"砰"的音高是多少?它对应钢琴上的哪个键?这就无从说起了。它不是由有规律的声波组成的,根本没有确定的波长。你可以把这称为"音高—持续时间的不确定性"。原则上,这与海森堡的位置—动量不确定性完全相同,尽管海森堡的不确定性原理在我们的日常生活中不起作用。我们本来就无须精确地测量事物，因此不确定性原理无论如何都不会妨碍我们的生活。当我们在森林里寻找蘑菇时，我们不必担心不小心把蘑菇定位得太精确，以至于影响蘑菇的动量，进而使其一溜烟跑掉。我们锁上自行车时，也不会因为把自行车的速度精确到零，以至于使它的位置变得模糊不清，再也找不到它。

你取得"量子跃迁"了吗？

尽管量子在我们的日常生活中并不常见，但有趣的是，"量子跃迁"已经成为欧美国家日常用语中的一个常用词。"这是一个量子跃迁！"我们经常在某人取得重大成就时听到这句话。新的铁路线是地区交通的跃迁，新的污水处理厂是当地污水处理系统的跃迁，税制改革则是整个国家的跃迁……

有人讽刺道："这样使用'量子跃迁'的人根本什么都不懂！"毕竟，量子跃迁现象涉及的并非什么大的或重要的东西，而是极其微小的东西！量子跃迁往往是可能发生的最小的状态变化。用这样的东西来形容大事难道不是错误的吗？

不一定。当然，在实验室中测量到的大多数量子跃迁确实是非常小的。当电子从一个允许的轨道转换到另一个允许的轨道时，它与原子核的距离变化通常不到1纳米。但原则上，非常大的量子跃迁也是可行的。在遥远的星际空间中可能存在着孤立原子，其电子与原子核的距离非常远。因此,理论上孤立原子的量子跃迁可以大得多(尽管这种情况很少发生)。小并不是量子跃迁的属性。

量子跃迁的本质在于,它是一种非持续发生的变化,不同于我们日常习惯的那些现象——热水逐渐冷却、电车不断加速或西红柿持续生长。"量子跃迁"这个词表示发生了一些突然的变化:从一种状态转换到另一种状态,中间没有过渡状态。

从这个角度来看,"量子跃迁"也不失为对政治、商业或其他生活领域重大突破的恰当比喻。如果你突然改变了状态,而不是在较长的时间内逐渐向一个方向转变,这怎么不能被称为"量子跃迁"呢?

第四章

全新的偶然性

为什么电子不是樱桃？

为什么粒子波会坍缩？

为什么量子理论带来了一种新的偶然性？

有时你只能计算概率，即使是测量出的结果也具有不确定性。

彻底改变量子理论的不是实验，而是1925年的两场旅行：维尔纳·海森堡前往黑尔戈兰岛休养，在岛上思考出了关于原子现象的矩阵；而埃尔温·薛定谔（Erwin Schrödinger）则前往阿尔卑斯山，并在那里提出了著名的薛定谔方程。

从某种意义上说，量子力学在20世纪初还不是一个成熟的理论。人们对波粒子和粒子波的奇特二重性有了一些了解，发现了一些有用的公式，但这些不足以拼凑出一个连贯的完整图景。人们缺少对量子理论的清晰数学描述，一个能够可靠地计算出任何量子实验结果的公式。

维尔纳·海森堡在23岁那年就完成了博士论文，并在哥廷根大学担任马克斯·玻恩（Max Born）的助手。1925年春天，严重的花粉过敏让海森堡整张脸都肿了起来，他几乎无法工作。因此，玻恩把他送到了位于北海的黑尔戈兰岛，那里花粉特别少，是花粉过敏患者的理想康复之地。

在岛上，海森堡感觉好多了，于是他开始为量子理论寻找一个数学表述形式。他认为，这个数学表述应该只包含可以实际观察到的东西。如果粒子的精确轨迹无法被测得，那么关于它的数据就不应该出现在理论的数学表述中。

测量原子可以吸收或释放的能量是可行的。因此，海森堡为这些能量的转换制定了一个不同寻常、有些烦琐的计算方案：这些数字被写在一个无限矩阵中———一个具有无限行数和无限列数的数字表。然后，你就可以用这张无限大的数字表进行计算了。这并不容易，却是可行的。

一天晚上，在充分理解了矩阵的计算步骤后，海森堡对其进行了测试。他认为，如果他的推算是正确的，那么他的无限矩阵一定遵守能量守恒定律：无论原子发生了什么变化，总能量都不会增加或减少。

他用无穷的数字费力地计算着能量守恒，最初的几个计算步骤让事情看起来一片光明。然而海森堡太兴奋了，以至于不断出现计算错误，几乎计算到了凌晨三点，他的眼前才出现完整的结果：他的无穷数字表确实体现出了能量守恒。海森堡后来写道："我感觉自己正透过原子现象的表面，窥探一个奇妙的内部世界。"

天已破晓，海森堡走到海边，登上一座高塔，看着升起的太阳欣喜不已。

　　但并非每个人都为海森堡的新奇计算方案（后来被称为"矩阵力学"）感到高兴。埃尔温·薛定谔便是对矩阵力学极为不满的物理学家之一。他并不认为海森堡的计算方法是错误的，但觉得它费力、不清晰、不实用。薛定谔写道："一想到要把矩阵微积分作为原子的真谛介绍给年轻的学生，我就不寒而栗。"

薛定谔的波函数

　　薛定谔的想法很简单：如果量子粒子像波一样运动，那么一定有一个波函数可以用来计算这种运动。其实波函数在其他领域早已为人熟知，比如用来计算声波或光波。然而，能够用来计算粒子波精确形状的波函数仍然缺失。

　　埃尔温·薛定谔比海森堡年长许多。他来自维也纳，当时正在苏黎世大学从事研究工作。1925年圣诞节期间，38岁的薛定谔来到阿尔卑斯山的滑雪胜地阿罗萨度假。但假期里，比滑雪更让他感兴趣的是寻找量子粒子的波函数。

　　薛定谔意识到：量子粒子的波函数一定是一个相当奇怪的方程。它引出了数学上不同寻常的解——只能用复数来描述的波，而复数必须使用虚数单位 i（-1的平方根）来表示。在物理学的大多数领域，这种情况很少见，通常不允许取负数的平方根。如果你在计算有轨电车的速度时发现必须取负数的平方根，你就会意识到：某个地方算错了。

　　但薛定谔坚信，他走在了正确的道路上——尽管从数学的角度来看，他的计算方式看起来极不寻常。"如果我能用更数学化的方法就好了！"他向一位朋友写道，"我对此非常乐观，希望我用纯数学方法来做时，能够一切顺利。"

结果确实非常好。突然间，波函数出现了。埃尔温·薛定谔成功地用它计算出了氢原子的性质——比尼尔斯·玻尔的原子模型更具普遍意义、更详细。

这是埃尔温·薛定谔用他的波函数发现了一些世间真理的第一个证据。于阿罗萨取得突破后，他在1926年发表了可能是他最重要的论文《量子化是本征值问题》（*Quantisierung als Eigenwertproblem*），共分为四个部分。从此，他的粒子波函数举世闻名，今天我们称为"薛定谔方程"。

埃尔温·薛定谔

薛定谔和他著名的薛定谔方程：ψ 是波函数的符号。等号左边的 $H\psi$ 表示粒子波的能量。等号右边有虚数单位 i、约化普朗克常数 $\hbar$，以及波函数随时间变化的表达式。薛定谔方程是一个微分方程，它告诉我们粒子波是如何运动的。

海森堡的矩阵力学在原理上是正确的，但它的原始形式如今已不再使用。人们找到了更清晰、更简单的数学方法来表达海森堡的观点。而薛定谔方程今天仍在使用，就像当年一样。它是量子研究的标准工具，类似厨师的菜刀或笛子演奏者的笛子。

这标志着量子理论新时代的开始。虽然我们早就知道粒子具有波的特性，但现在我们有了一种数学工具，可以精确计算粒子波的运动。薛定谔方程的解就是所谓"波函数"。薛定谔用希腊字母 ψ 来表示它，这个符号一直沿用至今。

但这又能说明什么呢？到底是什么产生了波？声波是空气的振荡，水波是水面的振荡。但是，当薛定谔方程中的粒子波振荡时，是什么在振荡呢？其实什么都不是。粒子波不是任何东西的振荡。它本身就是一种振荡。它不受介质的束缚，它是永恒的。

这听起来有点儿奇怪。怎样才能把波函数形象化？这个波要怎么用物理学解释？

电子不是樱桃

正如你可以通过给房间里的每个点分配一个特定的温度数值来描述房间里的温度分布，你也可以通过给房间里的每个点分配一定的电子波函数值来描述房间里的电子分布。薛定谔方程能告诉我们，空间的哪些区域的波动特别大，哪些区域的波动非常小。

如果你想问"此刻电子到底在哪里"，薛定谔方程无法告诉你准确的答案。我们只能说，它在产生强波的地方。电子肯定不在波函数为0的地方。

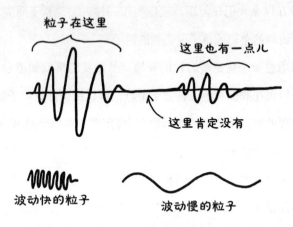

粒子波函数：在粒子波剧烈波动的地方，测量到粒子的概率相当高。在波函数近似为0的地方，几乎不会测量到有粒子。粒子的动量通过波长体现，因此波函数不仅可以推导出空间存在粒子的概率（位置），还可以推导出粒子波动快慢的概率（动量）。

日常物品则不同。例如，我们可以非常精准地确定樱桃的位置。樱桃在空间中有特定的位置。它不会出现在宇宙中的任何其他地方。樱桃占据的空间具有100%的"樱桃性"。只要是超出了樱桃边缘的空间，其"樱桃性"就骤然降为0，即在樱桃的周围，"樱桃性"都是0。因此，要么是樱桃，要么不是樱桃，这之间没有平滑的过渡，不存在"半樱桃"。

但电子是一种模糊的状态，是一种空间分布属性。在一些地方，空间具有很强的电子性，而在另一些地方则不然。当电子飞过双缝时，你无法分辨它当时是飞过左边的缝隙还是右边的缝隙，因为这两个地方的电子性是一样的。但空间的电子性一定是从双缝开始向周围递减的，在距离双缝100米的地方，电子性几乎为0。可以肯定，电子不在那里。

从某种意义上说，电子更像樱桃的香味，而非樱桃本身。一些地方弥漫着浓郁的樱桃香味，而在另一些地方，樱桃的香味则不那么浓郁。在距离樱桃100米远的地方，我们肯定闻不到任何樱桃的香味。但是，这种比喻又不十分准确。因为即使樱桃的香味像云一样弥漫整个房间，它也有一个明确而清晰的源头——樱桃本身，并且樱桃总是有一个真实存在的位置。

对电子来说，情况大不相同。没有电子存在的确切位置，只有电子存在的概率。在某些地方，电子存在的概率比其他地方更高，除此之外再无其他。"电子在哪儿"就像"数字4是什么颜色""如果所有斑马都是液体，那么星期天会有多重"，是没有答案的。

粒子波是概率波

然而问题是，当我们测量电子时，情况发生了奇妙的变化。我们可以让电子定向击中一个探测器，并准确地知道它击中的位置。然而，探测器永远无法展示出电子的分布波形，我们永远不会观察到电子的一部分在左边，一部分在右边。我们测量到的只是电子存在于确切的一个点上，在其他地方我们测量不到它。这到底是怎么回事？明明在上文中电子还是散发着樱桃香味的波。

我们已经知道，测量本身就是罪魁祸首。它不可避免地干扰了电子的状态。微观世界和宏观世界发生碰撞，粒子波接触了世界的其他部分，即测量装置。这从根本上改变了粒子波。

在此之前，电子可能弥漫在空间中的一个广阔范围里，但测量使电子的分布空间急剧缩窄。突然间，粒子波被缩窄为一个点。在电子被测量的那一点，波函数有一个极高的值，而其他地方的波函数几乎为0——一个宽广的粒子波变成了一个狭窄的波峰。因此，我们测量出了粒子的明确位置。这就是所谓"波函数坍缩"。

这意味着，如果不彻底改变波函数，就无法直接测量波函数本身。只要我们确定了粒子的位置，波函数就会坍缩，波形就会消失，只剩一个非常具体的点。

这个答案听起来并不能让人满意，有点儿像魔术师从帽子里变出一只活生生的兔子，但必须在没有观众盯着他看的时候。"女士们，先生们，请相信我！只要你们闭上眼睛，兔子就会出现。我向你们保证！但如果你们想看它，它就会消失。"

这样的魔术师恐怕不会有观众。而这种情况放到波函数上就是：如果无法测量它，那么它对我们又有什么用呢？它难道只是我们的想象吗？不，并非如此。波函数确实存在，它为我们提供了可以在实验中验证的清晰结论。

　　埃尔温·薛定谔发表了他的方程后不久，马克斯·玻恩解释了波函数坍缩的原理。他指出，薛定谔的波函数应该简单地解释为概率波：当粒子以波的形式撞击粒子探测器时，我们根本无法得知探测器会在哪个点上将粒子记录下来。但波函数决定了探测器上每个点测量到粒子的概率。从数学上讲，你必须计算出每一点的波函数平方，然后取绝对值——这样就得到了概率分布。而这种概率分布可以在实验中进行检验，只要我们能尽可能多地进行实验：以完全相同的方式一个接一个地发出粒子，使它们每次都具有相同的波函数，并使它们到达粒子探测器的不同点的概率相同。这样，每次粒子探测器都会在一个非常具体的点上将粒子记录下来，但在波函数数值大的区域，粒子被记录下来的次数比在波函数近似为0的区域多得多。

　　这意味着：即使波函数在测量过程中不可避免地发生坍缩，我们也可以研究其影响。我们可以计算出波函数，并在实验中验证计算是否正确。这是科学研究最关注的内容。

叠加原理：大自然还没有做决定

　　所有这些不仅适用于粒子的位置，也适用于粒子的其他特性，如粒子的能量、速度、旋转等，这些都必须通过测量才能得出明确的结果。在测量之前，粒子可能同时处于几种不同的状态，导致出现不同的测量结果。

这是量子理论最重要的基本原理之一：当存在多个物理上允许的状态时，原则上（在尚未进行测量前）这些状态的任意组合在物理上都是允许的。这就是所谓"叠加原理"。

如果说一个粒子可以穿过右边或左边的缝隙，那它就可以同时通过两条缝隙。如果说原子中的电子可以呈现特定的能量状态，那它就可以同时处于任意的能量状态。如果说分子可以顺时针或逆时针旋转，那它就可以同时向两个方向旋转。以上情况，我们称为"量子叠加"或"叠加态"。

但只要我们进行了测量，一切就都结束了。在测量过程中，叠加态总是会坍缩。我们得到的不是量子叠加，而是一个明确的测量结果：分子要么顺时针旋转，要么逆时针旋转。电子要么处于这种能量状态，要么处于那种能量状态，但肯定不会同时处于多种能量状态。

测量行为"迫使"量子物体选择一种可能的测量结果。因此，测量不仅提供了量子对象的信息，而且测量首先决定了这些信息。

我们不能将量子叠加与"不知道"混淆。当我们说一个量子粒子在被测量之前可以同时处于几种状态时，这并不意味着我们不知道粒子处于哪种状态。也许下面这个说法具有更广泛的意义：结果不是固定不变的，大自然还没有做出决定。可以说，粒子本身也不知道它是向左还是向右飞的，是顺时针还是逆时针转动的，以及它当前的能量状态是什么。大自然根本不提供这些信息。只有通过测量，这些信息才能被固定下来。

薛定谔方程是计算叠加态的绝妙方法。它让我们能够准确地知道有哪些测量结果会出现，以及它们分别出现的概率有多大。但薛定谔方程并不能告诉我们，在特定的测量行为中，哪种测量结果会出现。测量结果具有偶然性。

因此，我们可以写出一个能够完美预测粒子波行为的薛定谔方程，但不能对其进行测量。原则上，薛定谔方程无法告诉我们关于测量本身的任何信息，因为测量行为不可避免地会涉及薛定谔方程中没有出现的粒子，如构成测量设备的粒子。

我们可以把粒子的命运想象成是由一系列测量行为组成的，其中存在一些没有测量的阶段。每测量一次，粒子的状态就会被确定下来。然后，粒子会经历一个没有测量的阶段。在这一阶段，薛定谔方程能准确地告诉我们粒子会发生什么：也许它会从刚刚测量到的状态转变为其他状态；也许会从几种可能的状态中产生一种叠加态；也许其中一种状态的出现概率会随着时间的推移提高，另一种状态的出现概率会降低。到下一个测量阶段，粒子状态就会再次被确定。

在研究这种粒子时，我们会处于一个非常奇怪的境地：在没有测量的阶段，我们可以利用薛定谔方程精确地计算出粒子的行为，但无法观察到粒子。但在测量的过程中，我们可以精确地观察到粒子的状态，但无法用薛定谔方程计算出结果。在测量的那一刻，即使是世界上最精妙的方程也无法告诉我们发生了什么。在那一刻，大自然随机地选择了一种可能性，并将其呈现了出来。我们既无法影响它，也无法预测它。

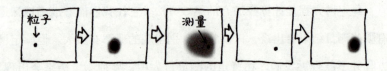

只要我们测量粒子，它就会出现在一个具体的位置；如果不测量粒子，它就会以波的形式扩散到更大的空间，直到我们进行下一次测量，粒子的位置会被再次确定。

猫咪分布概率

因此，有时我们不得不用概率来预测。这对我们来说并不陌生：在日常生活中，我们也会使用概率分布——通常以非常直观的方式，无须深思熟虑。例如，我在找我的猫。我知道它一定在房子或花园的某个地方，我肯定能在某个地方找到它。但我只要没看到它，就只能做假设：我很有可能在沙发上找到它，因为我知道它喜欢躺在沙发上；它也很有可能待在暖炉后面；不过，它大概率不会出现在前院，因为邻居家的猫会和它打架。

我的脑海中就创建了一个猫咪分布概率模型。我为家里的每个地点分配了猫出现的概率。我无法通过一次观察来确定我脑海中的这个模型是否正确。我很有可能在面包篮里找到它，但它出现在面包篮里的概率很小，因为我不允许它卧在那里。

但是，如果我不是找了一次猫，而是找了几百次，并记下找到猫的次数和地点，我就可以确定我创建的猫咪分布概率模型是否正确了。

这听起来几乎与薛定谔的波函数一模一样，波函数可以解释为粒子存在的概率。但你必须小心谨慎：猫和波函数完全不同。我之所以会说猫咪分布概率，只是因为我对世界的认知不够全面。猫一定会待

在一个非常具体的地方，我只要去寻找就能知道了——一切只是因为我不知道而已。如果有人给我的猫装上了追踪装置，当我还在花园里找来找去并思考概率分布时，他已经知道猫藏在哪里了。

然而，当我们使用量子概率分布来描述粒子撞击探测器之前的情况时，情况是完全不同的：我们不知道会在哪里测量到粒子，但这并不是认知缺口，这条信息根本就不存在。我只要知道了波函数，就知道了关于粒子的一切，但我仍然无法预测实验结果——因为大自然还没有做决定。

传统偶然性和量子偶然性

这是一个非常重要的想法。量子理论向我们展示了一种全新的偶然性。在量子理论出现之前，"偶然性"仅仅意味着：我们无法准确地判断，因为我们对世界的了解还不够全面和准确。我们可能观察得还不够仔细，测量得还不够精确，对自然规律的理解也还不够透彻。

我们甚至可以说，科学的任务就是逐渐消除偶然性。今天在我们

看来是随机的事情，明天可能就会因为科学研究而变得容易解释。过去，飓风何时从海上袭击海岸是一个关于偶然性的问题；如今，我们可以提前几天就相当准确地预测飓风的登陆时间。

如果抛掷一枚硬币，它落下后要么正面朝上，要么反面朝上——这看起来是完全随机的。但是，我如果用高性能摄像头捕捉硬币的运动轨迹，然后让计算机在几分之一秒内计算出落地时哪一面会朝上，就能以相当高的正确率预测抛硬币的结果了。

测量得越精确，预测正确的次数就越多。精确度越高，偶然性就越小。从某种意义上说，抛硬币的结果在硬币落地前就已经明了。虽然我们可能还不知道结果，但大自然已经做了决定。可以说，大自然知道结果是什么。

你如果从根本上思考这个问题，就会得出这样的结论：越来越科学、越来越精确的测量和优化程度越来越高的计算方法最终可以完全消除偶然性。也许这个世界就像一个巨大的发条装置，一个齿轮啮合着另一个，每一个微小的动作都有明确的原因。在这样的世界中，不存在真正的巧合。没有确切的缘由，任何事情都不会发生，巧合只是因为缺乏知识而产生的一种错觉。

世界如同钟表

上文这种世界观在启蒙时代发挥了重要作用。当时的科学取得了巨大进步，理性思维取代鬼神之说，人们第一次尝试用电，蒸汽机带来了工业革命。这种进步似乎将无止境地延续下去。就像一个孩子第一次把足球踢到正确的方向后，立刻决心成为世界上最光彩夺目的足球明星一样，当时的科学家也梦想着能够消除偶然性，但他们的决心下得有点儿早。

物理学家皮埃尔－西蒙·拉普拉斯（Pierre-Simon Laplace）在18世纪末提出的"拉普拉斯妖"很好地概括了这一时代的精神：让我们想象一位超人的智者，他知道所有的自然法则，能够以无限的速度进行任意复杂的计算，并且能够完全准确地知道宇宙的当前状态。这位智者，也就是拉普拉斯妖，对整个宇宙中每一个粒子的位置和速度都了如指掌。

如果整个世界就像一个巨大的发条装置，其中每一个结果都有一个明确的原因，每一个原因都必然导致某个结果，那么对这位智者来说，未来会发生什么是显而易见的。拉普拉斯认为，在这种情况下人们根本不用谈论未来，因为拉普拉斯妖一定对未来的任意时间点的宇宙状态都有非常清晰的认知。

下一刻发生的事情必然来自宇宙当前的状态。反过来，宇宙当前的状态决定了下一刻会发生什么。对拉普拉斯妖来说，每一刻都是一样的，时间会消失，整个宇宙只是一连串合乎逻辑的时间点，再没有模棱两可或偶然的东西。每一个可以用来解释更多自然现象的新理论似乎都在强化上述观点——在一个决定论的宇宙中，一切都是预先确定的，存在偶然性只是因为缺乏知识。

然而，量子理论突然成了一个例外。如果你认真地对待埃尔温·薛定谔的波函数和马克斯·玻恩对概率的解释，拉普拉斯妖就输了。量子粒子会让他意识到自己能力的极限。

如果量子测量的结果根本不取决于现有的知识，那么即便拉普拉斯妖掌握了一切现有的知识也无济于事。如果粒子在测量过程中的位置并非由先前的状态推导而来，而是在测量过程中纯粹偶然自发产生的信息，拉普拉斯妖就无法利用他无限复杂的计算能力做任何事情。对于粒子探测器究竟会在哪个点测量到一个电子，拉普拉斯妖会和我们普通人一样大吃一惊。

哥本哈根诠释：一切纯属偶然

看到这里，你可能会感到困惑，因为我们习惯于为每一个结果寻找原因。玻璃杯碎了是因为它从桌子上掉了下来，从桌子上掉下来是因为被猫碰倒了，猫把玻璃杯碰倒是因为它被窗边一只调皮的小鸟吓到了。原则上，我们可以把因果的逻辑链条追溯到宇宙诞生之初。

但现在量子理论告诉我们，量子测量的结果可能纯属偶然，没有真正的原因。粒子在这里，但它也可能在那里。我们测量到的结果与我们没有测量到的结果一样，在逻辑上和物理上都是允许的。两者都有可能。但只有一种成了被测量到的现实，而另一种则没有。

但是，阿尔伯特·爱因斯坦对这种绝对的偶然性并不满意。他坚信，人们一定忽略了什么至关重要的信息。"上帝不会掷骰子。"他一直坚持这一准则。尼尔斯·玻尔对此反驳道："别告诉上帝应该怎么做！"

有时，人们灵光一现就能突然明白一些事；然而，对于另一些事，人们只能在漫长的时间里适应和接受它们——量子理论就属于后者。20世纪20年代，当时物理学界最聪明的一批人围绕量子理论的本质进行了一场论战。最终，大部分人同意：人们只能适应和接受量子偶然性。

尼尔斯·玻尔在哥本哈根进行研究时，维尔纳·海森堡曾作为助手与他共事过一段时间（前面我们了解了海森堡对量子物理学做出的重要贡献），因此当时出现的量子理论解释被称为"哥本哈根诠释"。

遗憾的是，"哥本哈根诠释"并没有非常明确的定义，它有许多不同的版本。但重要的是，它传达了科学家们的一个观点，即承认偶然性是量子理论不可分割的一部分。波函数不仅是一个辅助量，还是对粒子的"真实"描述。叠加态不仅是对人类未知状态的数学描述，还是粒子在被测量之前的真实状态——测量过程中会发生波函数坍缩，在由叠加态产生的多种（甚至无数种）可能的测量结果中，有一种最后成为确定的测量结果。

不过，其中存在曲解量子理论的风险——把量子理论当作一种只有通过精神启迪才能窥见其本质的深刻哲学知识。当然，你完全可以把波函数描述成一个"神奇的概率世界"，并充满感情地说："粒子由纯粹的可能性组成，尚未被赋予确定的值。物质不过是超验的偶然性，是一团由假设构成的迷雾，只有在测量时才会结晶为事实。"但这样的表述毫无用处。你可以为自己用抽象词造句的能力而自豪，但没有人会因为这样的表述而得到帮助，也没有人会因此加深对量子理论的理解。

比现实更现实，比真实更真实

就像阿尔伯特·爱因斯坦一样，你可以绞尽脑汁地思考，波函数是否只是一个用来预测概率的辅助量，以及在波函数的背后是否存在一个"更真实的现实世界"，在这个世界中，每个粒子都有清晰的路径和明确的命运。但是，相比接受波函数背后有更深层次的现实，把传统概念抛到九霄云外，接受波函数的偶然性似乎更容易。

波函数不仅仅是描述电子的数学工具，也不仅仅是一种告诉电子应该如何运动的波，更不仅仅是电子的一种属性。波函数就是电子，电子就是波函数。波函数是粒子的本质，是大自然关于粒子的一切信息。你如果了解了波函数，就知道了关于电子的一切，正如你知道了一个三角形的三个顶点，就知道了关于这个三角形的一切。

和我们的日常认知不同，电子、光子或原子既不是波，也不是粒子，而是一种与前两者根本不同的东西——粒子波。它与普通的波一样，可以形成叠加态；与粒子一样，只能以特定的数量与世界发生相互作用：粒子探测器可以吸收1个电子、2个电子或7个电子，但永远不能吸收4.5个电子或0.6个电子。

在与环境的相互作用中，确切地说，在我们称为"测量"的行为中，粒子波会发生巨大变化：以前可能充满广阔空间的波函数，坍缩为一个集中在狭窄空间的新的波函数。但粒子波仍然是粒子波，只是发生了改变。这就是量子物理学的全部秘密，量子物理学的规则就是用这样的语言组织而成的。

第五章

电子不是行星

为什么不应该把电子看成旋转的行星?

为什么粒子是否处于叠加态其实只是一个见仁见智的问题?

电影院提供的3D眼镜的原理是什么?

这是关于粒子旋转、自旋和偏振的一章。

地球围绕太阳运行并不是理所当然的,地球还有其他的"选择"。当几颗行星围绕同一颗恒星运行时,它们的引力可能会使彼此偏离轨道,使其中一颗被抛向浩瀚的宇宙。作为一颗"流浪行星",它在宇宙中的运行轨道是平直的。我们用望远镜很难发现这种"流浪行星",但它们在我们的银河系中可能非常常见。

幸运的是,这种情况并没有发生在地球上。邻近的行星离地球足够远,让地球上的我们得以享受安宁的生活。地球以令人放心的稳定性,年复一年地沿着近圆形的轨道绕太阳运行。与此同时,地球每天还会自转一圈。这两种圆周运动都非常稳定,不会停止。某个物体开始旋转后，往往会保持旋转的状态——这是由角动量守恒定律决定的。只要观察儿童乐园里的旋转木马，就能明白这一点：旋转木马越大、越重，转得越快，它的角动量就越大，让它停下来就越费力。因此，地球有两种不同的角动量——轨道角动量和固有角动量，前者是地球绕太阳运行产生的，后者是地球绕地轴自转产生的。

电子的情况类似：当电子围绕原子核运动时，它既可以拥有轨道角动量，也可以拥有固有角动量（来自所谓"自旋"）。因此，我们很容易把电子想象成一颗行星，一个围绕原子核运行并以自身为轴旋转的小球。但我们在了解玻尔的原子模型时已经知道，将原子与行星进行比较时必须非常小心。严格来说，电子既不围绕原子核做圆周运动，也不绕自己的轴旋转。这些只是简化了的图像，不应太当真。电子和行星是两种截然不同的东西，尽管两者有相似之处。

点如何自转？

地球是三维的。当我们谈论地球自转时，其含义是非常明确的：地球表面任意一点（除南北极点）回到起点，代表地球绕自身轴线（地轴）转了一圈。那么电子自转如何定义呢？

电子没有内部结构，没有可以绘制标记点的表面。它没有延展性，我们既可以把它看成波，也可以把它看成无限小的粒子。无论是哪种情况，我们都不清楚电子的"绕自身轴线旋转"是什么意思。一个点，无论从哪个角度看都是一样的。一个点旋转起来会发生什么？什么也不会发生。这样一个点怎么会有"固有角动量"呢？

有时最好不要想象。更简单的做法是，将自旋视为粒子具有的附加属性，就像它们具有一定的质量和电荷一样。自旋就是自旋，这只是一个术语。

但是，自旋在技术上是非常重要的：电子的自旋在解释与磁有关的现象中必不可少。原子核的自旋可应用于医学领域，比如核磁共振成像仪（见第十二章）。光子的自旋（被称为"偏振"）使关于量子纠缠和量子密码的实验成为可能（见第八和第九章），它还是许多发明的基础，比如液晶显示器和我们在电影院佩戴的3D眼镜。

自旋及其方向

自旋只存在于一些特定的量子中，以 $\hbar$ 的整数倍或半整数倍的形式出现。光子的自旋始终是 $\hbar$，电子的自旋始终是 $\hbar$ 的一半。为了简化，我们通常省略 $\hbar$，将光子称为"自旋1粒子"，将电子称为"自旋1/2粒子"。

希格斯玻色子是2012年才被探测到的粒子，自旋为0。理论上，更奇特的"自旋3/2或2粒子"也是存在的，但它们尚未被发现。如果多个粒子组合在一起形成更大的粒子，如原子，它的总自旋也可以是整数或半整数。

我们如果用数学方法分析粒子的对称性，就会得出非常奇怪的结果：自旋1粒子在旋转时的表现符合我们的常识。如果将它旋转360°，它就会回到开始的状态。自旋2粒子（引力子，一种可能产生引力的假想粒子）具有不同的对称性：只要将它旋转180°，它就会回到开始的状态。这与字母H的对称性相同：如果把一个H颠倒过来，它的样子不会变。

然而，对于自旋1/2粒子，情况就有点儿疯狂了：只有将其旋转2圈，它才能回到最初的状态——这是完全不可想象的。但它清楚地告诉我们，粒子的自旋与行星或网球的自转并不完全相同。

角动量是有方向的。要想解释地球是如何自转的，"每天绕自己的轴旋转一圈"的说法是不全面的，我们还要描述地球自转的方向，或

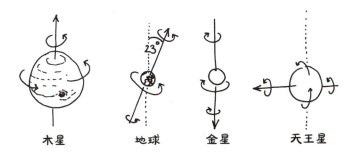

木星　　　　　地球　　　　金星　　　　　　天王星

行星及其自转：行星自转轴的方向各不相同。如果将自转轴旋转180°，顺时针旋转的行星（如木星）就会变成逆时针旋转的行星（如金星）。天王星是一个特别奇怪的例子：它的自转轴不是竖直的，而是水平的。

地球自转轴所指的方向。

虽然宇宙没有底部和顶部之分，但太阳系的行星都在同一个平面上围绕太阳运行，我们可以把这个平面定义为"水平面"。这样我们就会发现，木星的自转轴与这个水平面基本成直角。我们把木星自转轴的方向称为"向上"。地球自转轴的方向类似，但它有点儿歪——倾斜了约23°。

金星则不同：与木星相比，它的自转轴倾斜了约180°，因此金星自转轴的方向与木星的相反。如果木星的自转轴朝上，金星的自转轴就朝下。也可以说：木星顺时针旋转，金星逆时针旋转。（"自转轴朝上或朝下"与"逆时针或顺时针旋转"的意思完全相同，是同一件事的两种不同说法。）

斯特恩－格拉赫实验

那么粒子呢？粒子的自旋也有方向——可以用磁铁来测量。20世纪20年代，人们刚开始思考粒子的自旋方向时就知道，如果把一个粒子放在两个形状特殊的磁铁之间，根据电动力学定律，它应该会根据自旋方向发生轻微偏转：如果朝上自旋，就会倾向于在磁场的影响下向上偏转；如果朝下自旋，就会倾向于在磁场的影响下向下偏转。

上述自旋方向测量实验被称为"斯特恩－格拉赫实验"，名字来源于奥托·斯特恩和瓦尔特·格拉赫（Walther Gerlach）。其原理是使银原子穿过磁场，然后它们会撞到一块玻璃板上，并留在上面。这样就可以看到粒子偏转的程度。

　　然而，这项实验极其困难，需要极高的精确度才能获得有意义的结果。瓦尔特·格拉赫必须解决一个问题：如何使几乎不可能看到的银原子撞击点变得可见。

　　一天，斯特恩来到格拉赫的实验室，格拉赫向他提及这个问题的复杂性。但是，当斯特恩看着玻璃板时，那些微小的撞击点竟奇迹般地变成了深黑色，突然变得清晰可见。事实证明，这是由于奥托·斯特恩的口臭造成的：他抽雪茄，但他作为助理教授的微薄薪水只买得起廉价、有硫黄味的雪茄。因此，当斯特恩看着玻璃板时，他呼出的硫与银发生化学反应，生成了漆黑的硫化银。虽然原因令人啼笑皆非，但至少问题解决了。

　　当银原子被射入仪器后会发生什么呢？你如果把这些粒子想象成具有不同旋转轴的微小行星，就很容易得出结论：它们会以不同的方

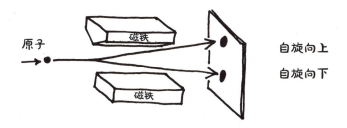

用于研究自旋1/2粒子自旋方向的斯特恩－格拉赫仪器示意图（1922年）。当时使用的是银原子。与电子一样，银原子也是自旋1/2粒子。但与电子不同的是，银原子不带电，这增加了实验的难度。

式发生偏转。一些粒子的旋转轴恰好朝上,它们就会最大限度地向上偏转。另一些粒子的旋转轴恰好朝下,它们就会最大限度地向下偏转。但人们认为,大多数粒子一定介于两者之间——自转轴略微倾斜,就像地球一样。因此,在设想中,银原子应该在玻璃板上广泛分布,从顶部到底部都有分布。

但瓦尔特·格拉赫在1922年2月进行实验时观察到的现象并非如此。实验现象令人惊讶:银原子在玻璃板上并非连续地分布,而是留下两个分开的撞击点。银原子都撞击在玻璃板的极端位置上,即它们一半最大限度地向上偏转,另一半最大限度地向下偏转,介于两者之间的情况没有出现。

包括尼尔斯·玻尔在内的一些人猜测到了这一点。"玻尔是对的。"格拉赫给斯特恩发去电报。实验证明,自旋方向是量子化的。它不能像行星的自转方向那样任意取值。如果用斯特恩–格拉赫仪器测量一个自旋1/2粒子的自旋方向,只能得到两种不同的答案:向上和向下,通常被称为"自旋向上"和"自旋向下"。

如果连续两次测量

斯特恩–格拉赫仪器能根据粒子的自旋方向对其进行分类:将一束自旋方向不同的粒子送入仪器,粒子就会被分为两束。上面的一束由自旋向上的粒子组成,下面的一束由自旋向下的粒子组成。如果我们将自旋向上的粒子束送入第二台斯特恩–格拉赫仪器,会发生什么？并不会出现令人惊讶的结果：第二台斯特恩–格拉赫仪器仍会得出同样的结论。自旋向上的粒子仍然是自旋向上的粒子。每个粒子都会"坚持"自己的自旋方向。

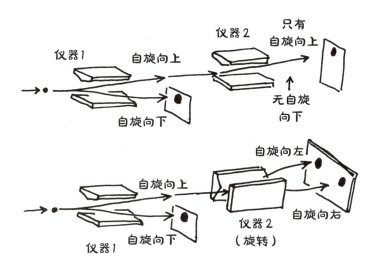

连续进行两次斯特恩–格拉赫实验示意图。如果两台斯特恩–格拉赫仪器的方向相同，那么第二次实验不会出现任何新情况，其结果与第一次实验完全相同。然而，如果旋转第二台仪器，我们就会观察到完全不同的情况：具有明确方向（自旋向上）的粒子被分成了两束——自旋向左的粒子束和自旋向右的粒子束。

但是，如果我们旋转第二台斯特恩–格拉赫仪器，会发生什么呢？从来没有人说过，我们只能在垂直方向上测量粒子的自旋。我们当然可以在水平方向上测量它们的自旋。我们把第一台仪器筛选出来的自旋向上的粒子束送入第二台仪器。这次我们不问"自旋向上还是自旋向下"，而要问"自旋向左还是自旋向右"。

粒子束再次被分成两部分，一部分向左偏转，另一部分向右偏转。自旋向上的粒子变成了自旋向左的粒子和自旋向右的粒子。

发生了什么？我们如果把粒子想象成旋转的行星，就会感到困惑。好在我们知道了量子物理学最重要的规则：只要粒子没有被测量，它就可以同时处于不同的状态。测量改变了粒子的状态，迫使粒子选择一个测量结果。有了这些基本概念，我们就可以很好地解释这个问题了。

我们送入第一台仪器的粒子可能处于自旋向上的状态，也可能处于自旋向下的状态，或者同时处于这两种状态的叠加态。斯特恩–格拉赫仪器可以确定每个粒子的自旋状态，因为粒子撞击玻璃板的位置非常特殊——要么在顶部，是自旋向上的粒子；要么在底部，是自旋向下的粒子。这种测量方法将叠加态转化为一个明确的结果。

然后，我们把从第一台仪器中出来的自旋向上的粒子送入第二台斯特恩–格拉赫仪器。我们如果提出与之前相同的问题——"自旋向上还是自旋向下"，就会得到与之前相同的清晰可靠的答案。然而，如果我们转动第二台仪器，提出一个不同的问题——"自旋向左还是自旋向右"，答案就不再明确了。

"自旋向上"是"自旋向左"和"自旋向右"的叠加态。对未转动的第二台装置来说，粒子的自旋状态是明确的。然而，对转动了的第二台装置来说，粒子的自旋状态是完全未被定义的叠加态。就像双缝中的粒子会同时穿过左侧和右侧的缝隙一样，自旋向上的粒子也同时处于自旋向左和自旋向右的状态。

　　我们甚至可以进行第三次测量，比如将被测量了两次的粒子束送入第三台仪器。对于"自旋向上还是自旋向下"的问题，它在第一台仪器中的回答是"自旋向上"。对于"自旋向左还是自旋向右"的问题，它在第二台仪器中的回答是"自旋向左"。如果我们再提出与第一次测量相同的问题，即"自旋向上还是自旋向下"，会得到什么答案呢？粒子是否记得它在第一次测量时的答案呢？

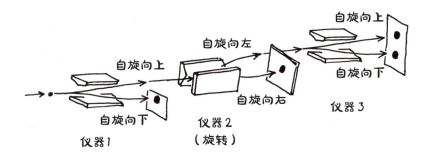

　　不，它不记得了。第三台斯特恩－格拉赫仪器也会将粒子分成两部分：一部分自旋向上，另一部分自旋向下。这两种可能性的概率是相同的，尽管这些粒子在第一次测量中全都自旋向上。

　　如果第二台仪器强迫每个粒子选择"自旋向左"或"自旋向右"，那么关于它是"自旋向上"还是"自旋向下"的信息就会被"删除"。一般来说，如果我们知道了粒子相对于某个测量方向的确切自旋，那么相对于另一个测量方向（与前者成直角）的自旋绝对是不确定的。

　　这里也涉及不确定性原理：正如海森堡发现无法同时精确获知粒子的位置和动量一样，粒子的自旋态也是如此。我们可以精确测量任何方向的粒子自旋。但在与之成直角的另一个方向上,其自旋是完全不确定的。对一个方向的了解越精确,对另一个方向(与前者成直角)的了解就越不精确。

~~~~~~~~~~~~~~~~~~~~~~~~~~~~~~~~

见仁见智的叠加态

粒子可以同时处于不同的状态——我们已经知道了。量子理论允许不同状态的叠加,这是它最重要的原理之一:一个粒子如果可以穿过左侧或右侧的缝隙,就可以同时穿过这两个缝隙。一个粒子如果可以处于自旋向上或自旋向下的状态,就可以同时处于这两种状态。

你可能会觉得,我们面对的是一种非常特殊且神秘的状态,即除可以明确测量的经典状态外,幽灵般的叠加态,它包含了量子物理学概念下各种疯狂的可能性组合。一个顺时针旋转的粒子,在我们看来是非常正常的。当它逆时针旋转时,我们也觉得非常正常。但如果它处于顺时针和逆时针旋转的叠加态,我们就会大吃一惊,认为遇到了一种前所未见的状态。

然而,斯特恩-格拉赫实验告诉我们,事实并非如此。叠加态和具有明确测量结果的状态根本没有本质区别。至于我们面对的是不是叠加态,则是一个见仁见智的问题。对一台斯特恩-格拉赫仪器来说,粒子处于叠加态,但对另一台来说,这个粒子可能处于100%确定的状态。

你可以把它想象成不同的方位。例如，芝加哥是一座拥有高精度街道网格的城市。街道贯穿南北和东西。当你沿着街道穿过芝加哥市中心时，只能朝正南、正北、正东、正西的方向走。但几个世纪前，情况有所不同：彼时没有街道，你可以沿着任意路线穿过这个区域，比如朝西南方向走。西南方向就可以看作正南和正西的叠加态。

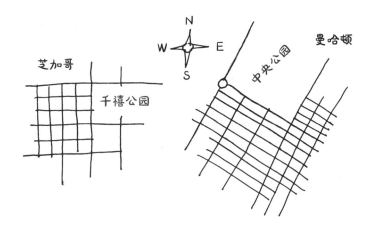

"西南"和"正北"没有本质区别，两者都是实际存在的方向。只是由于街道网格的建立，前者无法出现，我们必须决定是沿着南北方向还是东西方向走，就像粒子在斯特恩–格拉赫仪器中必须决定是"自旋向上"还是"自旋向下"一样。

就像斯特恩–格拉赫仪器可以向不同的方向转动一样，不同城市有不同的街道网格。例如，曼哈顿也有长方形的街道网格，但相比芝加哥旋转了近30°。在曼哈顿，你也只能沿着两条不同的轴线在城市中移动。可以说，在曼哈顿，移动的方向也被"量子化"了。但方式与芝加哥不同。

在曼哈顿可以选择的移动方向，在芝加哥就不能选择，反之亦然。也就是说，在芝加哥的移动方向是在曼哈顿的移动方向的叠加态。同理，来自第一台斯特恩-格拉赫仪器的自旋态是来自第二台仪器的自旋态的叠加态。

严格来说，粒子可以"同时处于两种状态"的说法会导致误解。它没有错，但也不完全正确。粒子只有一种非常特殊的状态，而不是同时具有两种状态。这种状态只是无法对应一个特定的测量结果，它同时对应两个可能的测量结果。

光的振荡

所谓"光的偏振"与电子的自旋非常相似：光粒子可以在不同方向上进行振荡。它可以在水平方向上振荡，也可以在垂直方向上振荡，还可以同时在两个方向上振荡，形成任意组合。

垂直波和水平波有不同的组合形式。最简单的是在倾斜的平面上振荡，比如从左上到右下往复，或从左下到右上往复。当两个波（垂直波和水平波）的振荡相位完全相同，即波峰和波谷位置完全一致时，就会出现这种情况。

相位不一致的两个波可以形成一个旋转的波，被称为"圆偏振波"或"椭圆偏振波"，其像螺纹一样旋转向前。"螺纹"可以顺时针或逆时针旋转，被称为"右旋偏振"或"左旋偏振"。不旋转、以特定方向振荡的波，无论振荡方向如何，都被称为"线偏振波"[1]。

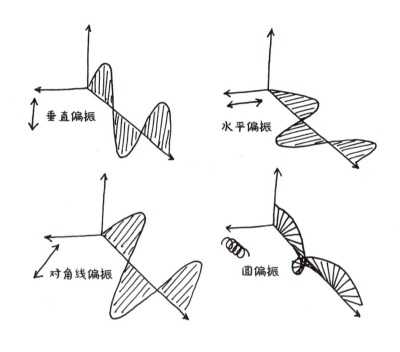

幸运的是，测量光子的振荡方向比测量电子的自旋方向容易得多——只需要一个偏振滤光片（后简称为"滤光片"）。它是用某些晶体或塑料制成的，只有振荡方向正确的光才能通过，方向相反的光会被吸收。滤光片的常见应用就是太阳镜。

1　线偏振包括本页图中的"垂直偏振""水平偏振"和"对角线偏振"。需要注意的是，后三者均是作者为便于读者理解而起的名字，非术语。——编者

　　普通光源（如太阳或蜡烛）产生的是非偏振光。光子无特定振荡方向，处于水平和垂直偏振的叠加态。如果我们现在让这些光子通过一个只允许垂直偏振光子通过的滤光片，那么每个光子都必须做出决定：要么在垂直方向上振荡，在这种情况下，它可以通过；要么在水平方向上振荡，在这种情况下，它会被吸收并消失。如果非偏振光通过这样的滤光片，那么恰好一半的光可以通过，另一半会被吸收。

　　如果我们使用两个相同的滤光片，并将其中一个相对于另一个旋转90°，就不会有光透过了。第一个滤光片只能透过垂直偏振的光，而第二个滤光片只能透过水平偏振的光。垂直和水平的滤光片一前一后——形成了一道对所有光子坚不可摧的屏障。

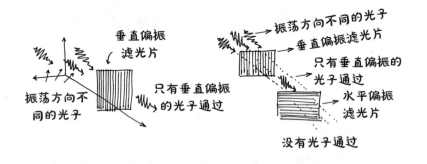

　　只需两副相同的太阳镜，你就可以轻松复制上面的实验：戴上一副太阳镜，透过另一副旋转了90°的太阳镜看——你只能看到一片漆黑。两个偏振滤光片完美配合，一个吸收的光子正好是另一个透过的光子。

　　接下来，如果在两个互相垂直的滤光片之间插入一个相同的滤光片，并将其旋转任何其他角度，比如45°，就会产生惊人的效果。是什么效果呢？

通过第一个滤光片的光子在通过第二个滤光片时处于叠加态，通过第二个滤光片的光子在通过第三个滤光片时也处于叠加态。因此，每个滤光片只能吸收通过前一个滤光片的部分光。不存在光被完全吸收的情况。

第一个滤光片可以区分垂直偏振的光子和水平偏振的光子：水平偏振的光子被吸收，垂直偏振的光子通过。第二个滤光片允许在特定倾斜平面上偏振的光子通过，吸收振荡平面与其成直角的光子。这对垂直偏振的光子意味着什么呢？相对于第二个滤光片，它们处于"对角线偏振"和"反对角线偏振"的叠加态——一半的光子被吸收，另一半通过。

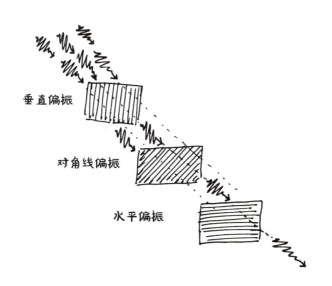

垂直偏振

对角线偏振

水平偏振

同样的情况也发生在第三个滤光片上：第二个滤光片让对角线偏振的光子通过，到达第三个滤光片。对于第三个滤光片，对角线偏振的光子重新处于垂直和水平偏振的叠加态。因此，其中一半光子能通过这个滤光片。

现在，每个滤光片都正好通过了一半的光子——有1/8的光子通过了所有滤光片。

这似乎有些不可思议：由两个滤光片组成系统根本不透光，增加了一个滤光片后竟然透光了。滤光片只能吸收光，永远不会增加光。然而，通过增加一个滤光片总透光量增加了，这就是因为对振荡方向的每次测量都会干扰光子的状态。

电影院里的光子

电影院提供的3D眼镜就基于偏振光的原理。当我们坐在电影院里观看3D电影时，两种不同的图像同时从电影院的银幕传到我们的眼中，它们的偏振方向各不相同。3D眼镜的两个镜片使用了不同的滤光片，使得其中一种图像只能到达左眼，另一种图像只能到达右眼。

理论上，用水平偏振光和垂直偏振光就可以做到这点。但这样做有一个"致命"的缺点：观众的脸必须始终保持正对银幕。只要稍微转头，滤光片的方向就不再与图像的振荡方向完全一致，镜片就会让两种图像都通过，观众就会看到奇怪的重影。

使用圆偏振光就可以避免这种情况。一种图像由左旋偏振光生成，另一种图像由右旋偏振光生成。

如果遇到了一部相当无聊的电影，不妨把3D眼镜倒过来戴，或者前后颠倒来看，你仍然可以从光子物理学中获得很多乐趣。

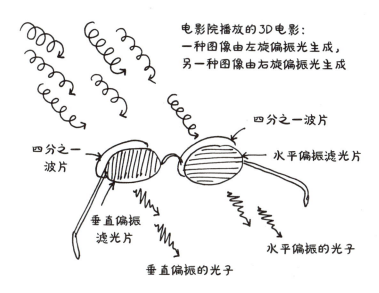

电影院播放的3D电影：
一种图像由左旋偏振光生成，
另一种图像由右旋偏振光生成

四分之一波片

水平偏振滤光片

四分之一波片

垂直偏振滤光片

水平偏振的光子

垂直偏振的光子

遗憾的是，圆偏振光并不像线偏振光那样容易过滤，但有一个小窍门：用某些材料制成的特殊滤波片，即所谓"四分之一波片"，可以将圆偏振光完全转化为线偏振光（或反过来）。

电影的两种图像，即右旋偏振图像和左旋偏振图像，都会撞击到四分之一波片上，从而产生一个垂直偏振图像和一个水平偏振图像。然后就可以用普通的滤光片来选择其中之一，让你的一只眼睛看水平偏振光，另一只眼睛看垂直偏振光。

现在,你可以随心所欲地转动头部——四分之一波片和滤光片牢固地粘在一起,前者始终能够为后者提供匹配的线偏振光。这就意味着,无论你是端正地坐好,还是歪着头,甚至是在座位上倒立,你的每只眼睛都能获得所需的图像。

戴上有滤光片的太阳镜看各种液晶显示器也很有趣。液晶显示器发出的光是线偏振光。如果滤光片与显示器发出光的偏振方向完全吻合,你就可以顺利地看到显示屏上的内容。但是,如果将太阳镜或显示器旋转90°,显示屏就会完全变黑。

如果把电影院提供的3D眼镜放在液晶显示器前,情况会更复杂。尝试正确佩戴,或者让眼镜腿指向显示器反着戴。认真思考你会看到什么,以及为什么会看到这样的情况。

第六章

量子橡皮擦和量子炸弹

为什么量子物理学无法改变过去？

量子橡皮擦如何恢复被破坏的波形？

如何用量子技巧拆除炸弹？

量子理论不应被神秘化，尽管它有时听起来确实很疯狂。

沃尔夫冈·泡利（Wolfgang Pauli）几乎和量子理论同龄——出生于马克斯·普朗克首次写下量子常数的1900年。在维也纳求学期间，沃尔夫冈·泡利被视为天才。毕业后不久，他就发表了一篇关于爱因斯坦相对论的论文，几年后，他已经成为公认的理论物理学精英之一。

沃尔夫冈·泡利虽然在物理思维方面很出色，但在实验方面并不走运。传闻，物理仪器一遇到泡利就会坏掉。只要他靠近实验室，实验室就会出问题。泡利只是在汉堡天文台喝了一杯红酒，天文台的一台望远镜就坏了；在泡利访问普林斯顿大学期间，大学的粒子加速器着火了。

在泡利的交际圈子里，许多人都知道这只是一个巧合。然而，还是有人不愿意冒任何风险，比如斯特恩－格拉赫实验的发明者奥托·斯特恩为保险起见，禁止他的朋友沃尔夫冈·泡利进入研究所。据说泡利本人也认为，他的出现与实验成功之间确实存在一种奇怪的因果关系。

意大利物理学家朱塞佩·奥恰里尼（Giuseppe Occhialini）出于恶作剧的心理，想强化"泡利传说"。他在一盏吊灯上安装了一个装置，只要泡利打开门，灯就会掉下来。泡利走了进来，但什么也没发生——机关失灵了。即使是为了证明只要沃尔夫冈·泡利在场的情况下实验就会失败的实验，在当事人在场的情况下也失败了。

用"泡利传说"来解释实验失败很简单，但这不能阻止我们提出完全不必要的复杂问题：如果不是沃尔夫冈·泡利开门进来，而是其他人，那么悬灯装置还能工作吗？该装置如何知道是泡利还是其他人进了这扇门？难道时空的逻辑结构存在断裂？泡利在那一刻进门的决定向过去发出了一个信号，以疯狂的因果逆转过程迫使朱塞佩·奥恰里尼在制作装置时犯了一个错误。

当然，这完全是无稽之谈。这些猜测都不会让我们有所收获，它们只会分散我们对真正问题的注意力。我们不能从中了解宇宙法则，但我们可以通过向他人讲述一些玄之又玄的事情，产生一种神秘的膨胀感和优越感。

不幸的是，我们在量子实验的解释中也屡屡看到这种伎俩：事情其实并不那么复杂，但人们竭尽所能，以一种疯狂、神秘、令人震撼的方式呈现它。这实在是太可惜了——我们宇宙的规律已经足够吸引人了，不需要人为地将其进一步复杂化。

惠勒的思想实验：来自遥远星系的光子

所谓"延迟实验"就是量子物理学中被不必要神秘化的例子。它给人的感觉有点儿像向过去发送信息，但其实是我们的解释有误。

例如，美国物理学家约翰·阿奇博尔德·惠勒（John Archibald Wheeler）做了一个著名的思想实验：他思考光子同时具有波特性和粒子特性意味着什么。

我们从双缝实验中可知：光子可以同时穿过两条缝隙，然后与自己叠加，进而产生了干涉图案——这证明了光子的波特性。同时我们也知道，我们如果观察光子走的是哪条路径，总会得到一个明确的答案。你永远不会在这条路径上发现半个光子，在那条路径上发现半个光子。光子只能作为一个整体存在——这是其粒子特性的证明。

但是，约翰·阿奇博尔德·惠勒想到，如果我们进行巨大规模的实验，会发生什么呢？想象一下，一个光子在遥远星系的恒星中产生，然后飞向地球。这个光子途经另一个星系，在星系强大引力的作用下，光子的路径变得稍微弯曲。光子的飞行方向会发生一些变化，就像光束通过玻璃透镜时的方向变化一样。这也被称为"引力透镜效应"。

光线的曲率来自爱因斯坦的相对论——我们不需要担心细节，重要的是，在这种情况下，来自遥远恒星的光子可以通过两条完全不同

的路径到达地球。

原则上，我们可以构建一个星系级的双缝实验：如果光子同时以两条不同的路径穿越空间，就有可能将这两部分的波叠加在一起，产生干涉图案。

但我们也可以把两台不同的望远镜对准天空，一台对准银河系的左边缘，另一台对准右边缘。我们可以用其中一台望远镜看到它，但绝不会在两台望远镜中都看到它。

因此，我们可以做出判断：根据我们进行的是波叠加实验还是定向测量实验，我们要么看到光子的波特性，要么看到光子的粒子特性。

这些都不是特别奇怪、令人困惑或不寻常的事情。但是，你可以人为地把这个问题神秘化，你可以问：光子怎么知道它的行为应该像粒子还是像波？我在地球上决定进行哪项实验——所以我选择了光子的波属性或是粒子属性？但是，我要测量的光子已经旅行了数十亿年！从逻辑上讲，当它出发时，它不可能知道自己最终会在哪项实验中出现。

它是从星系的一侧经过，还是同时沿着相隔几十万光年的两条不同路径飞行？光子肯定早在人类出现之前就做出了这个决定！难道我们通过决定进行这样或那样的实验改变了光子的过去？

现在的决定可能会对过去产生影响，这一观点被称为"溯因性"。通常情况下，先有因，后有果——如果量子理论能够打破这一原则，那将会非常有趣！我们是否在通过量子实验确定过去？我们是否破坏了因果关系逻辑？历史事实究竟是固定不变的，还是可以被塑造的？

又来了——神秘的膨胀感和优越感。但这些想法在这里完全不合适，它们只是虚幻的问题。错误在于，我们假设光子要么是波，要么是粒子，光子必须以某种方式从这两种可能性中选出一种，并且是在它产生的一瞬间做出选择。当然，事实并非如此：光子既是波也是粒子。它是一种量子摇摆。一种粒子化的波，或者说是波化的粒子。我们不应该因为难以找到合适的词来形容它而感到困惑。

光子不需要"知道"以后将参与哪种测量。它可以像波一样传播，尽管我们想证明它是一个粒子。而当光子被测量时，它会在一个非常具体的点上结束（非常像粒子）。即使是在测量的那一刻，光子也可以很容易地同时在不同的地方成为波。它可以作为波落入两台望远镜中，而这两台望远镜分别对准星系的两侧。然后，它在其中一个望远镜中被吸收（被测量），并立即在另一个望远镜中消失。仅此而已。

没有必要用哲学上的歪曲来证明"溯及既往"的合理性。没有任何影响会延伸到过去。即使是在量子物理学中，世界的因果逻辑仍然是完美且有序的。

标记光子："路径信息"的把戏

　　还有一个经常被解释得莫名其妙的实验，即路径测量。让我们仔细看看光子的双缝实验。我们已经知道会发生什么：我们正常将光子送入双缝，光子会同时通过两条路径，相互叠加，形成波形。

　　不过，我们现在还知道，光子具有另一个我们尚未考虑到的重要特性，即偏振。我们尝试利用这一特性：在双缝后面分别放不同的偏振滤光片——在左侧缝隙后面放水平偏振滤光片，在右侧缝隙后放置垂直偏振滤光片。

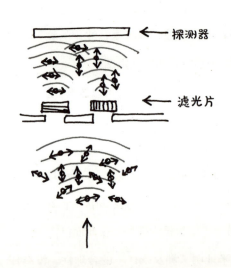

带"标记"的双缝实验：光子来自下方，振荡方向各不相同。当它们通过左侧缝隙时，会撞击水平偏振滤光片；当它们通过右侧缝隙时，会撞击垂直偏振滤光片。

　　惊人的事情发生了：只要安装了滤光片，波纹图案就会消失。你看到的只是一个乏味的光点——就像当我们分别堵住左侧和右侧的缝隙，然后将对应产生的两个图像相加时得到的。

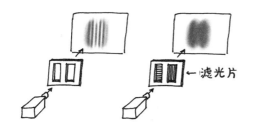

双缝会产生干涉图案。但是，如果光子通过两个不同的滤光片，干涉图案就会消失。

究竟发生了什么？你必须非常严谨地表述这个问题。严格来说，你无法用语言正确地描述它，因为我们的语言根本不是为量子现象设计的。不过，有相对正确的表述，也有相对不太准确的表述。你经常会遇到类似下面的解释：

"滤光片对每个光子进行标记：走左侧路径的光子被赋予水平振荡的性质，走右侧路径的光子被赋予垂直振荡的性质。这样就可以分辨出每个光子所走的路径。然而，波干涉效应的基础是每个光子同时走两条路线——意味着从根本上说不可能知道光子选择了哪条路。因此，一旦光子被标上了特定的路径，干涉就必须消失。至于我们能否在探测器上测量到光子的偏振方向，这并不重要。只要我们有可能从理论上找出单个光子所走的路径，就足以破坏波干涉效果。"

这个解释并非完全错误，也不完全正确，我们在后面会进行分析。不过这种说法有一个重要部分是正确的：只要你进行测量，不管用什么方法,粒子究竟走了哪条路径,干涉都会消失。这种情况被我们称为"路径信息":无论做什么实验,无论如何区分两条路径,无论你想出什么花招,只要"路径信息"在原则上是存在的,只要它存在于宇宙的任何地方,我们就无法再观察到干涉现象了。

不过,让我们再仔细想想这个实验:如果我们让一个光子同时走两条不同的路径,它就处于"左"和"右"的叠加态。即使我们在这两条路径上放两个不同的滤光片,这种状态也不会改变。它并不能将光子固定在其中一条路径上,光子仍然处于叠加态。只是在叠加态中,偏振也起了作用:光子处于"左侧路径和水平偏振"与"右侧路径和垂直偏振"的叠加态。这是这个光子的波函数的两个分量。

理论上,"左侧路径和垂直偏振"与"右侧路径和水平偏振"也是可能的,但在实验结果中没有出现,滤光片"删除"了这两个选项。这意味着两个属性的分配是明确的:"左"必然属于"水平","右"必然属于"垂直"。

然而,"走左侧路径的光子就是水平偏振光,走右侧路径的光子就是垂直偏振光"这种说法不完全正确。因为没有只走右侧路径或只走左侧路径的光子,每一个光子都同时走两条路线。

在没有滤光片的情况下,来自左、右侧缝隙的波的分量只在探测器上叠加——它们或相互放大或相互抵消。但现在,来自左侧路径的水平偏振波和来自右侧路径的垂直偏振波都到达了探测器,它们现在是两种不同的东西,不能再简单地把它们相加,就像不能把苹果和人相加一样。它们都存在,但不再相互干涉——就像光波和声波不能相互干涉一样。

　　严格来说，使用滤光片时，我们并没有给每个光子留下"右"或"左"的信息，因为每个光子都会走这两条路，但我们给这两条路留下了偏振信息。光子由两种不同的波分量组成，每个波分量都有偏振方向。这些分量的总和就是光子。

　　　　　　　只有相同类型的波才能互相叠加这个现象不仅仅存在于量子物理学中。想象一下，有一个被几个弹簧支撑着的金属球。

　　我们可以让金属球动起来，比如用手摇下方的弹簧，产生振动。我们还可以用另一只手同时以相同的频率摇上方的弹簧——金属球的运动幅度取决于两只手摇动的叠加。如果我们对金属球施加一个向上的力，

然后再对它施加一个向下的力，金属球就会剧烈振动。两个振动是相位相加的。但是，如果我们以完全相反的方向摇动上、下两侧的弹簧，即同时压缩或拉动弹簧，金属球将始终受到两个对抗的力，金属球不会振动。

　　然而，这只是因为我们叠加的振动方向相同。如果我一只手让金属球产生垂直方向上的振动，另一只手使之产生水平方向上的振动，两个振动永远不会相互抵消或叠加成更大的振动。因为这是两种不同的振动——一种是水平的，一种是垂直的。它们都存在，但互不干扰。

量子橡皮

现在我们知道了,如果用"路径信息"来标记两条路径,波的干涉就会被破坏。我们可以进一步提问:如果我们破坏"路径信息"会发生什么?我们可以用"量子橡皮"来做到这一点。

我们再次使用有两个不同滤光片的双缝,以及会被水平和垂直偏振的光子击中的探测器。在光子到达探测器之前,我们要插入一个倾斜45°的对角线偏振滤光片。

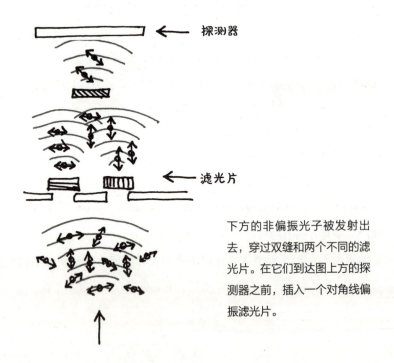

下方的非偏振光子被发射出去,穿过双缝和两个不同的滤光片。在它们到达图上方的探测器之前,插入一个对角线偏振滤光片。

水平偏振光子和垂直偏振光子都有50%的机会通过这个对角线偏

振滤光片。所有成功通过的光子都有相同的偏振方向——对角线偏振。这意味着探测器接收不到任何关于光子的先前路径的信息。第三个滤光片抹去了这些信息。这意味着两条路径现在又无法区分了，因此探测器又出现了干涉波形。"量子橡皮"恢复了我们之前用"路径信息"消除的波形。

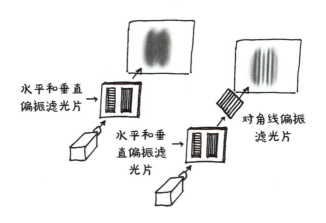

　　但量子橡皮实验不应被神秘化。例如，你解释道："双缝后面的滤光片迫使光子选择一条路径，但第三个滤光片使它们又同时选择了两条路径。"这听起来很疯狂、神秘莫测、十分有趣，但这是错的。

　　量子橡皮和延迟实验一样：测量可以确定粒子的当前状态，但这不应与确定粒子的过去状态混淆。

　　那么，当"左侧路径和水平偏振"与"右侧路径和垂直偏振"的两种光子通过对角线偏振滤光片时，究竟会发生什么呢？我们通过前面的滤光片实验已经知道，"对角线"是"水平"和"垂直"的叠加态。反过来，"水平"和"垂直"是"对角线"和"反对角线"的叠加态。

因此，我们可以将"左—水平"和"右—垂直"分解为总共四个不同的分量，即"左—对角线""左—反对角线""右—对角线"和"右—反对角线"。对角线偏振滤光片会过滤掉两个反对角线的分量，剩下"左—对角线"和"右—对角线"。这两个分量的光子都击中了探测器。

现在，两个分量的光子的偏振是相同的。我们添加的不再是苹果和梨，而是苹果和苹果。偏振不再是"方向标记"，这使得波干涉再次成为可能。

~~~~~~

量子炸弹

有些实验，你思考得越久就越清晰，越简单。双缝实验和量子橡皮就是如此：你只需接受粒子可以处于叠加态的观点，其他问题就迎刃而解。但还有一些实验，即使你反反复复地思考，它们看起来也仍然是疯狂的、"烧脑"的。这些问题自有其魅力。让我们最后来看一看这样一个实验——量子炸弹。这可能是所有量子物理学问题中最奇怪的一个。

想象有人制造了一枚极其敏感的炸弹：哪怕只有一个光子击中它，它都将吸收光子并爆炸。还有一枚假炸弹，无论有多少光子击中都不会爆炸。我们怎样才能知道面对的是真炸弹还是假炸弹呢？

　　为了仔细地观察这个疯狂的东西，我们使用了一种从未提到的测量仪器——马赫-泽德干涉仪。与在双缝实验中一样，光子会在马赫-泽德干涉仪中同时沿着两条不同的路径移动，最后两条路径能汇聚在一起。

　　首先，马赫-泽德干涉仪中有一个分光镜——一个半透明的镜子，它可以透过一半的光，并反射另一半的光。光子撞击分光镜后，会处于"反射"和"透射"的叠加态。用这种方法将光子分到两条不同的路径后，再用普通的镜子将这两条路径重新汇聚在一起。

　　在汇聚的地方，我们放置第二个分光镜。现在，两条路径上的光子要么直线穿过分光镜，要么被分光镜反射。最后，两条路径上的光子击中对应的探测器，我们称为"探测器 A"和"探测器 B"。

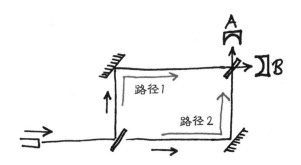

　　我们可以阻断其中一条路径，比如阻断透过第一个分光镜的路径（"路径 2"）。这样，光子就只能走另一条路径，我们称为"路径 1"。然后，光子撞击到第二个分光镜，被反射的部分击中探测器 A，被透过的部分击中探测器 B。其中一个探测器将对光子进行测量——至于是哪一个，纯属偶然。两种情况的概率都是50%。

如果我们阻断了路径1，光子不得不走路径2，情况也是一样。在这种情况下，光子也会到达第二个分光镜，同时被反射和透射，最后被探测器A或探测器B测量，概率均为50%。

但是，如果我们不阻挡任何路径，光子就会同时通过两条路径，同时到达第二个分光镜，并与自己叠加。只要正确调整马赫–泽德干涉仪，就能确保到达探测器A的两条路径的光子可以相互抵消，而到达探测器B的两条路径的光子可以相互加强。在这种情况下，探测器B能测量到所有射过来的光子，探测器A始终检测不到光子，这是干涉导致的。

为什么探测器B会测量到所有射过来的光子？要想知道具体原因，就有点儿麻烦了。已知，有两条不同的路径通向探测器A，有两条不同的路径通向探测器B。如果马赫–泽德干涉仪完全校准，那么通往特定探测器的两条路径的长度总是完全相等的，光子在两条路径上完成的振荡次数完全相同。这意味着，在两条路径上，光子波始终以相同的相位到达探测器——波峰与波峰相同，波谷与波谷相同。

但这里有一个小细节：当波被分光镜反射时，波的相位会发生四分之一波长的偏移——也可以说，与直接穿过分光镜的波相比，其相位会发生90°的偏移。这对通向探测器B的两条路径来说并不重要，因为这两条路径都是由一个分光镜透射，由另一个分光镜反射的，两者的偏移量相同。因此，光子波仍然以相长干涉的方式相互作用：波峰对波峰，波谷对波谷。

然而，通往探测器A的两条路径出现了差异：光子要么直接透过两个分光镜，要么被两个分光镜反射。只要被分光镜反射一次，其中一条路径就会比另一条路径差90°相位，即总相位差为180°——意味着波峰会移至波谷的位置，反之亦然。光子最终发生了"破坏性"干涉——波峰遇到波谷，波谷遇到波峰。光子波被抵消了。

这意味着，在这种情况下，探测器A无法测量到任何光子——每个光子都在与自身的叠加中被完全抵消。如果一个光子只能通过两条路径中的一条，那么它有50%的概率在探测器A或探测器B中被测量到，但如果两条路径同时打开，那么探测器B始终会测量到光子。这显然是一种波现象：由于光子的波特性，这一神奇的现象才成为可能。

回到我们的炸弹上，只要被一个光子击中，它就会立即爆炸。我们如何将它与假炸弹区分开来呢？这听起来似乎是个谜。显然，我们不能试探性地向炸弹发射光子——但是"有光子"和"无光子"的叠加态又如何呢？

我们把炸弹放在马赫–泽德干涉仪的一条路径上，然后发出一个

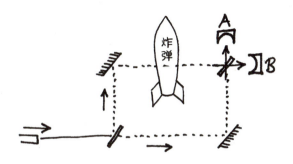

光子。光子撞击分光镜，进入叠加态：光子在有炸弹的路径上移动，同时也在没有炸弹的另一条路径上移动。现在会发生什么呢？

如果光子刚好碰到了假炸弹，结果很清楚：假炸弹只是让光子通过，没有任何影响。正如我们解释过的，在这种情况下，探测器 B 肯定会测量到光子。

然而，如果光子碰到了真炸弹，情况就变得复杂了：炸弹是一个光子探测器，即一个测量装置，而测量会干扰光子的状态。光子在测量的作用下被迫进入可能的路径之一。它有 50% 的概率会被固定在炸弹所在的路径上。在这种情况下，光子被吸收，炸弹爆炸，我们的实验室化为一片废墟。然而，它也有 50% 的概率被固定在另一条路径上。在这种情况下，它不会接触到炸弹，而是到达了分光镜。

这个光子会被哪个探测器测量到？我们不知道。我们只知道，如果一个光子走了两条路径，那么这两条路径就会重叠，从而保证被探测器 B 测量到，而绝不会被探测器 A 测量到。但由于炸弹的存在，只有一条路径是可能的——不同的路径不能再叠加。因此，这个光子是被分光镜透射还是反射纯属偶然——它有 50% 的概率进入探测器 A，也有 50% 的概率进入探测器 B。

如果光子在探测器 B 中被测量到，这对我们没有什么帮助——毕竟这也可能是假炸弹产生的结果。因此在这种情况下，我们无法判断炸弹的真假？

然而，这个实验真正疯狂的地方在于，我们的光子有可能被探测器 A 记录下来。如果是假炸弹，这种情况就不可能发生。因此，探测器A的测量结果能很明确地告诉我们：这是真炸弹。我们在不引爆炸弹的情况下获得了这一信息。

对这一事实思考得越久，你就越会感到疯狂：尽管光子和炸弹之间并没有真正的相互作用，但我们还是识别出了炸弹。光子最终决定走另一条路——不是通往炸弹的路，而是没有炸弹的另一条路。真假炸弹之间的唯一区别是，真炸弹可以吸收光子并爆炸。然而，我们在炸弹没吸收光子的情况下，成功地识别了炸弹。

这就是所谓"无交互量子测量"。炸弹即使不吸收光子，也能进行量子测量。仅仅因为它的存在，光子的路径就被固定为两种可测量的可能性之一。它确保光子的波函数坍缩：路径1和路径2的叠加态变成了"路径1"或"路径2"中的一种。由于马赫–泽德干涉仪可以区分这两种状态，因此我们可以识别真炸弹。

至少在某些情况下是可以识别的——遗憾的是，这种实验装置无法保证这一点。让我们回顾一下我们遇到的所有可能性：有50%的概率，实验以失败告终，炸弹爆炸。有25%的概率，探测器B测量到了光子，我们还是不知道炸弹是真是假。只有25%的概率，我们才能幸运地辨认出真假炸弹，并且没有造成任何损失。成功率听起来不是很高，但它仍然比不使用量子技巧的成功率高得多。我们必须承认它是个不错的方法！

如果实验装置稍微变得复杂，结果也会有所改善。例如，你可以使用一个分光镜，它不能让50%的光通过，而只能让一小部分光透过。为了增加透过的光，你不能只让光透过一次，而要反复使光透过。你可以把分光镜放在两面镜子之间，这样光子就会在两面镜子之间来回传送很多次。

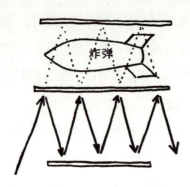

在"镜子屋"中识别炸弹：一个光子被射向一个分光镜（中间），分光镜只允许极小部分光通过，其余部分被反射。分光镜的上方和下方各有一面镜子，因此被透射和反射的部分会被镜子送回分光镜。由于只有极少的光射入量子炸弹，因此发生爆炸的概率极低。分光镜允许通过的光越少，成功的概率就越接近100%。

在诺贝尔奖得主安东·蔡林格（Anton Zeilinger）的参与下，一个由奥地利裔美国籍科学家组成的研究小组证明，通过这样一个经过周密设计的实验装置，在不发生爆炸的情况下准确识别真炸弹的概率可以无限接近100%。事实上，无相互作用的量子测量具有非常高的可靠性。

我们可能不希望让沃尔夫冈·泡利来构建这样一个实验装置，因为有他参与的实验往往会导致灾难性的失败——至少在实验中有致命炸弹的情况下。

当然，在现实中，所有这些智力游戏所涉及的东西与拆除炸弹完全不同：你如果理解量子理论的规则，并巧妙地加以利用，有时就能发现一些东西；如果没有量子理论，使用经典的方法，这些东西总是会隐藏起来。量子理论开辟了此前原则上不可能存在的可能性。即使是在量子理论诞生一百多年后的今天，我们仍在不断学习。

第七章

为什么我们不能穿墙?

为什么电子之间的空间不是空的?

为什么泡利不相容原理能让我们撸猫?

为什么有的恒星只由中子组成?

量子理论解释了物质的特性。

银河系要完蛋了!它即将与邻近的星系相撞。大约40亿年后,银河系和仙女座星系就会撞在一起,世界上没有任何力量能够阻止这一切。

40亿年听起来很长,但从宇宙的角度来看,这次星系碰撞几乎迫在眉睫。到那时,地球可能仍然存在,但它可能会和太阳一起出现在一个完全不同的地方,比如新的邻近恒星之间,而这类恒星如今距离我们数百万光年。

其实星系碰撞并没有你想象的那么戏剧化。星系主要由空旷的空间组成,恒星和行星只占星系体积的很小部分。因此,发生相撞时,两个星系可以相互穿过，恒星或行星不会碰撞。两个星系会在引力的作用下变形，还可能会合并成一个大星系，但对两个星系中的恒星和行星来说，不会有什么大的危险。

星系在更小的维度上看起来像什么？原子。原子不也主要由空洞组成吗？原子的全部质量都几乎集中在原子核，但原子核只占原子体积的极小部分。原子核周围是电子的运行空间，其体积是原子核的数十亿倍。关于原子、原子核和电子的大小有个令人印象深刻的类比：如果原子核只有樱桃那么大，整个原子就相当于一个足球场，而电子则在看台上运行。

但是，如果我们是由如此空旷的原子组成的，那么为什么我们不能像两个星系一样穿过彼此呢？当我们试图穿墙进入隔壁房间时，为什么会感到疼痛？为什么在拥挤的火车里我们不能坐在已经有人的座位上？

你是不是又感到困惑了：电子是基本粒子，原则上可以穿过任何大小的孔。可以说，电子在某种意义上是无限小的——它们通常被称为"点粒子"。原子核由质子和中子组成，而质子和中子又分别由三个夸克组成。夸克是没有确定大小的基本粒子，就像电子一样。从这个角度看，所有物质都是由"无限小"的物体组成的。从根本上说，世间万物都是点粒子。宇宙中的所有粒子都没有体积可言，难道宇宙就是粒子的中空部分？

如果你以这种方式看待物质，你就又犯了一个老错误，即用我们的习惯和直觉来解释量子现象。这是行不通的。

量子摇摆和能量闪烁

电子可能是点粒子，我们还知道它们像波一样分布，这一点适用于所有其他基本粒子。它们并不位于空间中的某一点，而是一种空间分布属性，在一些地方较强，在另一些地方较弱。

通过对薛定谔波函数的思考，我们知道：一颗樱桃会在一个特定的位置——它只要在这里，就绝对不可能在旁边。而电子性则是一种空间分布式属性，不同的位置有不同的电子性。靠近原子核的位置电子性很强，离原子核稍远的位置电子性较弱，离原子特别远的位置几乎没有电子，所以电子性几乎为0。我们可以说，"电子场"充满整个宇宙。

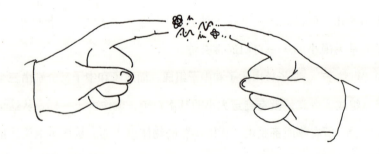

　　这些分布在空间中的波形电子不断相互影响着。它们带负电，会相互排斥——通过产生由光子组成的电场来实现。电子之间不断交换光子，使空间充满了能量丰富、疯狂闪烁的粒子波和力效应。这意味着在原子中，基本粒子之间并不是一片虚无。它与太空中几乎没有力作用的空旷空间截然不同。

　　构成这个世界的物质不应该被看作小球的集合，因为小球之间的空间是空的。物质更像两块磁铁之间的状态——一个不停闪烁和振动的能量场和力场。

中微子感知不到我们

　　不过，有一些粒子几乎是空的。例如，对中微子来说，墙壁根本不是障碍。它们可以穿过混凝土碉堡，比可见光穿过干净的玻璃窗还要容易。

　　中微子是一种奇特的基本粒子：它们极为常见，我们无时无刻不被它们包围，但我们注意不到它们。我们身体的每一平方厘米每秒都会受到数十亿个中微子的撞击，但它们通常不会对我们产生任何影响。中微子诞生于太阳，然后射向地球，它们很有可能穿过地球，但不会与任何一个原子发生碰撞。这是因为在原子中起决定性作用的力对中微子没有影响。中微子对电磁场没有反应。它们根本不"在乎"电子的电荷，就像汽车司机无须在乎公海行驶规则一样：它们根本不会受到影响。在原子核中起决定性作用的强相互作用对中微子也没有影响。

中微子可以和原子互不干扰地共处一室。

这是一个奇怪的想法。我们不习惯把两种不同的东西放在一起。但原则上，这并非不可行。空间中的某一点可以既是电子又是核子，也可以既是光子又是中微子——就像某一天可以既是星期三又是十月的一天一样。

需要解释的不是粒子可以在同一个地方这一事实，而是有时情况并非如此。物质是有结构的，物体之间不能相互穿透和重叠，这与粒子之间不断交换的力有关。

粒子大家族

为了充分解释为什么我们不能穿墙而过，我们需要考虑另一个重要问题：泡利不相容原理。为此，让我们仔细研究一下不同类型粒子的自旋。

所有存在的粒子都可以分为两种不同的类型：自旋为半整数的粒子和自旋为整数的粒子。前者被称为"费米子"。物质就是由费米子组成的。可以说，费米子是一种"物质粒子"。电子属于费米子，构成质子和中子的夸克也属于费米子，它们的自旋都是1/2。后者，即自旋为整数的粒子被称为"玻色子"。玻色子则是一种"力粒子"，负责物质粒子之间的相互作用。

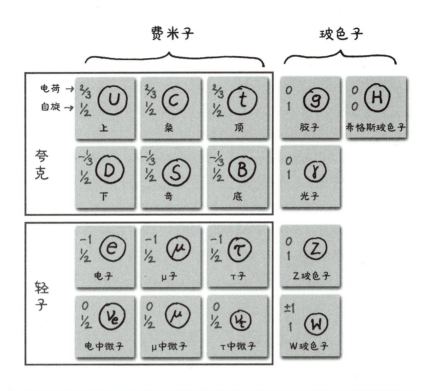

我们现在知道了一堆基本粒子。这个"粒子大家族"可能让你有点儿混乱。你可以根据自旋和电荷等特性对粒子进行分类,就会逐渐清晰明了。有关这些基本粒子的理论被称为"粒子物理标准模型"。

左边三列是费米子。它们可以分为两类——夸克和轻子。这两类粒子的电荷不同。轻子的电荷为整数:电子、μ子和τ子的电荷都为–1。三者各对应一种中微子,中微子的电荷都是0。

夸克的电荷为分数——2/3或–1/3。它们有六种类型,可分为三对:上—下、粲—奇和顶—底(这些名称没有物理意义)。在每一对夸克中,都有一个带2/3电荷的夸克和一个带–1/3电荷的夸克。

这听起来有些疯狂，因为通常电荷只能是元电荷的整数倍。例如，中子由两个底夸克（各带–1/3电荷）和一个顶夸克（带2/3电荷）组成——它们相互抵消，因此中子总体上不带电。另外，质子由两个顶夸克和一个底夸克组成，因此总电荷为1。

玻色子负责相互作用——光子负责电磁相互作用，胶子负责强相互作用（让中子和质子中的夸克结合在一起）。还有弱相互作用，它在我们的日常生活中并不发挥特别的作用，却是某些原子核衰变的原因。弱相互作用是由Z玻色子和W玻色子的交换引起的。与光子和胶子不同，Z玻色子和W玻色子具有质量。

最后一种且同样重要的玻色子是希格斯玻色子。在很长一段时间里，它是标准模型中唯一只在理论上被预言但未被探测到的粒子。直到2012年，希格斯玻色子在欧洲核子研究中心被探测到。现在，标准模型中仍然缺少一种负责引力相互作用的粒子。迄今为止，我们还无法将引力纳入基本粒子的标准模型。但我们知道，这种粒子，即"引力子"，应该是一种无质量、不带电、自旋为2的玻色子。

〰〰〰〰〰〰〰〰〰〰〰〰〰〰〰〰〰〰〰〰〰〰〰〰〰〰〰

所有这些粒子都是无法区分的。宇宙中的每一个电子都与宇宙中的其他电子一样。它们不是一个鸡蛋和另一个鸡蛋的关系，它们在理论上是完全相同的。这一点很重要：两个鸡蛋、两张等值的纸币或同一本书的两册，在我们看来可能是一样的，但它们仍然具有独立性。此外，你总能发现两张纸币之间的细微差别，你还可以把一本书的封面弄皱。但是，你永远无法在一个电子上做标记，也无法以任何方式将它与另一个电子区分开来。电子就是电子。其他所有类型的粒子也是如此。

泡利不相容原理：撸猫指导理论

只有当电子处于不同状态时，我们才能谈论它们之间的差异，比如当它们具有不同的速度或不同的自旋时，或者当它们与不同的原子核结合在一起时。但是，如果两个相同的粒子在同一个地方，处于完全相同的状态，会发生什么呢？这种情况会存在吗？它们会遭遇量子物理特性危机吗？

这完全取决于涉及哪些粒子：物质粒子（具有半整数自旋的费米子）与力粒子（具有整数自旋的玻色子）的行为完全不同。力粒子很容易处于相同的状态。如果同一个地方有更多的力粒子，那么我们面对的只是一股更强的力。

物质粒子则不同。以下规则只适用于费米子：每个可能的粒子状态最多只能由一个粒子占据。两个费米子，如两个电子，永远不可能处于完全相同的状态。这就是著名的泡利不相容原理，沃尔夫冈·泡利因发现这一原理而获得1945年的诺贝尔物理学奖。

泡利不相容原理对原子物理学非常重要。我们已经知道，原子中存在非常特殊的电子状态——电子如果与原子结合，就必须占据其中的一种状态。原子中的电子状态可以像阶梯一样进行编号——第一个状态能量最低，越到后面能量就越高。

如果原子只有一个电子，那么这个电子很可能处于能量最低的状态，非常靠近原子核。你可以把它想象成一个滚入碗中的球——它也将保持在能量最低的状态，即位于碗的底部。

但是，如果我们现在想向原子加入更多的电子，会发生什么呢？根据泡利不相容原理：它们绝不可能处于一个电子已经占据的状态。每个电子都必须有自己的状态。对于加入的第二个电子，做到这一点比较容易：我们可以把它放在第一个电子已经存在的地方，但赋予它不同的自旋：一个电子"自旋向上"，另一个电子"自旋向下"。这样两个电子就处于不同的状态，并且遵守泡利不相容原理。但是，那个地方无法容纳第三个电子——它必须处于能量更高的状态。

这样，我们就可以"制造"出越来越大、电子数越来越多的原子。原子中心离原子核近的区域被越来越多的电子填满，新电子必须在远离原子核的地方保持自己的状态。这就是电子层的形成过程，也是物质化学性质的形成原因：当两个原子相遇时，外层电子会相互接触，在某些情况下，原子会共用一个电子——形成了化学键。

如果没有泡利不相容原理，情况就会完全不同。绝大多数电子都会聚集在非常靠近原子核的地方，能量最低的状态会被许多电子同时占据。复杂的化学反应将不可能出现，也不会有有趣的分子产生，生命也不会发展。整个宇宙中只会存在一些不引人注目的小原子，也不会有人类去思考为什么会这样。

当我们撞墙、与人握手或撸猫时，泡利不相容原理都发挥着重要作用：当我们触摸某些东西时，电子一定会相互接触。然而，根据泡利不相容原理，它们不可能处于相同的状态。因此当你试图将电子推到同一个地方时，它们就会相互抵触。这种效应与带电粒子的斥力相结合，使物质变得坚不可摧。粒子之间的作用力和泡利不相容原理就是我们无法穿墙的原因。

钱德拉塞卡与恒星之死

泡利不相容原理会对寿命已尽的恒星产生特别有趣的影响。在像太阳这样的普通恒星中，有两种对立的力量处于平衡状态：一个是引力，它将恒星中的所有原子向内拉；另一个是向外扩张的力，它是由恒星内部炙热的巨大压力产生的。

印度裔美籍天体物理学家苏布拉马尼扬·钱德拉塞卡（Subrahmanyan Chandrasekhar）在1930年想到了这种效应。当时的他只有19岁，想出这一切仅用了两周多的时间——从印度马德拉斯乘船前往英国所需的时间，这位年轻的科学家想在剑桥大学继续学业。

钱德拉塞卡知道，当恒星耗尽燃料并冷却下来时，压力就会变小，重力就会占据上风，恒星就会在自身重量的作用下坍缩。但是，泡利不相容原理与引力是对立的。万有引力无法随心所欲地把恒星拉到一起，因为每个电子都必须有自己的状态。如果恒星中心的所有电子位置都被占据，那么其他电子即使被极大的引力拉向中心，也只能在稍远的地方"安家"。泡利不相容原理产生了一种新的压力，即变性压力——由于泡利不相容原理，电子产生的抵抗被压入同一状态的力量。

然而，钱德拉塞卡意识到，如果恒星的质量超过一定限度，变性压力就不足以阻止引力坍缩。在某个时刻,强大的引力使粒子发生了转变:电子和质子相互挤压,转变为中子——一颗中子星诞生了。钱德拉塞卡在船上计算出了电子变性压力的上限。后来,他的天体物理学研究举世闻名,并于1983年获得诺贝尔物理学奖。

中子星超出了人类的想象。它们与我们所知的物质几乎没有任何关系。中子星的质量比太阳还大,但半径只有几千米。如果我们从中子星上提取一块针头大小的物质,其质量约为50万吨,相当于几千个火车头的质量。中子星的表面非常光滑,因为即使是只有几毫米高的土坡,也会立刻被中子星的巨大引力夷为平地。

隧穿效应:粒子穿墙术

现在,我们知道了为什么我们不能穿墙而过,但量子物理留了一个"后门":物质的波特性使得某些障碍物原则上可以被穿透,尽管看起来并非如此。这就是所谓"隧穿效应"。

为了理解隧穿效应,让我们先想象一个经典的、有起伏的小球轨道。我们放开小球,它就从坡顶滚下来,速度越来越快,它在轨道底部的动能最大。然后,小球滚上坡,速度减慢。假设轨道完美无瑕,不会产生任何摩擦力,小球就会继续向上滚动,能到达的最高点与起点完全相同。如果坡顶比小球的起点高,小球就永远无法越过这个坡道,因为为了到达坡顶,小球拥有的能量必须比它可支配的能量多。因此坡顶是小球的禁区,它不可能到达那里。

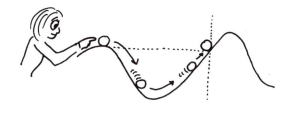

如果小球首先静止在左侧的坡顶，然后被轻轻推动，它就会滚到坡道的另一侧——但只能滚到与起点相同的高度，无法到达右侧的坡顶。

　　但如果将小球换成粒子波呢？与粒子不同，波可以穿透障碍物——至少是以弱化的形式。橡胶球是一种粒子。如果我把它扔向房门，它只会被门弹开。它的能量不足以克服门的力量（除非我是一个力量惊人的橡胶球投手，并且不在意破坏我的房门）。但是，如果我高声歌唱——向门投掷声波，声波就能穿透门，并在一定程度上受到削弱后从门的另一侧传出。

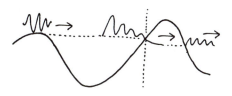

小球轨道的量子物理版本：我们在左侧发出一个波，它会到达并穿透右侧的坡，然后从坡的另一端出来（受到了削弱）。

　　如果我们沿着一个微小的轨道发射粒子波，也会发生类似的情况：粒子波会像小球一样向坡顶攀升。但如果坡足够狭窄，粒子波就能穿透它并从另一侧射出，好像有一条"隧道"从山丘的一边通向另一边。粒子波可以穿透小山，它无须征服无法到达的山顶。

当粒子波撞击障碍物时，它会被分成两部分：一部分被反射；另一部分穿透障碍物，从另一侧射出。这两部分的大小取决于障碍物的形状和大小。

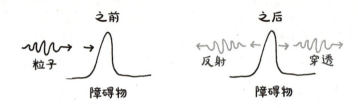

我们无法预测粒子位于障碍物的哪一侧——结果纯属偶然。波会位于障碍物的两侧。只有对粒子进行测量，我们才能确定它是否穿透了屏障。

玛丽·居里与放射性衰变

这种隧穿效应在放射性 α 衰变中起决定性作用。铀原子核中有92个质子。它们都带正电，会相互排斥。如果原子核中只有排斥力，质子就会立即飞向四面八方，原子核就会爆炸。但是，还有一种强核力，它确保了原子核中粒子之间的吸引力，不过只是在短距离内。（强核力的形式有点儿复杂，但其形式在确保吸引力方面不太重要，因此不作赘述。）

于是，在原子核周围形成了一堵"墙"——一座核粒子难以逾越的"能量山"。这就是它们停留在原地的原因。然而，由于隧穿效应，所谓"α粒子"——两个质子和两个中子的组合——可以穿透这堵"墙"，离开原子核。

从经典物理学角度讲，α粒子没有足够的能量逃离原子核，就像前面的小球没有足够的能量爬到坡顶一样。但是，由于α粒子在量子物理学中被视为一种波，因此它总是会"滑"向这座能量山，并在某个时刻偶然地穿透能量山，然后飞走了。这就是原子核的放射性衰变。上述情况被称为"α衰变"。

当这种情况发生时，一种元素就转化成了另一种元素，比如铀就变成了钍。这一过程完全是偶然发生的。没有人知道放射性原子是否会在下一个小时内衰变。可以说，只要不进行测量，只要宇宙的其他部分不知道原子的命运，放射性原子就会一直处于"衰变"和"未衰变"的叠加态。

在19世纪末，玛丽·居里（Marie Curie）和她的丈夫皮埃尔·居里（Pierre Curie）就已经在研究放射性元素了——那时放射性还不能用量子物理学来解释。放射性衰变后剩下的原子核仍然具有放射性。它们会再次衰变成更小的原子核：铀先变成钍，钍又会变成镭，镭又会变成氡，氡又会变成钋。通过分析

玛丽·居里

这条衰变链，玛丽·居里发现了各种新元素。

　　玛丽·居里是极少数因其科学成就而获得两次诺贝尔奖的人之一：她因研究放射性辐射于1903年获得诺贝尔物理学奖，又因发现镭和钋元素于1911年获得诺贝尔化学奖。令人匪夷所思的是，就在同一年，她被巴黎科学院拒之门外：当时，巴黎这所久负盛名的科学院从未出现女性科学家的身影。此外，她还与一位已婚的年轻男子有染——保罗·朗之万——她已故丈夫皮埃尔的学生。八卦小报写了很多关于她的下流文章。阿尔伯特·爱因斯坦对此感到震惊："如果这些暴徒继续议论你，请不要理会这些废话。"

　　不过，一切敌意都无法改变玛丽·居里是自然科学界杰出人物之一的事实。例如，在著名的索尔维会议上，经过精挑细选的物理学精英们聚集在一个小圈子里讨论量子理论中重要的新问题，她出席了每一场会议，直到去世。钋元素以玛丽·居里的故乡波兰命名。1944年在加利福尼亚州伯克利发现了一种新元素，为了纪念玛丽·居里和皮埃尔·居里，人们将其命名为"锔"。

哎哟！

　　玛丽·居里的辉煌事业基本上是建立在粒子会借助隧穿效应穿透能量屏障逃离原子核的现象之上的。但为什么我们人类不能这样做？如果我们碰上一堵厚厚的墙，那么只要我们尽可能多地尝试，是不是同样有可能在极少数情况下穿透这堵墙？因为如果所有物质都具有波特性，那么我们也一定具有波特性。

原则上，这并非不可能。但你如果计算一下发生这种情况的概率，就会意识到这个策略其实徒劳无功：一方面，目标物越大，隧穿效应的成功概率就越低——我们比 α 粒子大得多；另一方面，障碍物越厚，成功概率就越低——一堵墙要比原子核中的能量屏障厚得多。

单纯从数学的角度来看，人类穿墙而过的概率低得难以想象。哪怕我们不停地撞墙，直到太阳或地球不复存在，我们都没有一丝穿墙而过的机会。

因此，当你发现丢了钥匙时，你即使了解量子物理学，也最好找锁匠来开门。

第八章

量子纠缠与"幽灵远距效应"

为什么量子粒子不是袜子？

对一个粒子的测量如何影响远处另一个粒子的状态？

如何证明大自然不会用隐藏变量来欺骗我们？

这一章涉及量子纠缠的本质。

日内瓦欧洲核子研究中心的年轻物理学家莱因霍尔德·伯特曼（Reinhold Bertlmann）有一个奇怪的习惯：他总是穿两只不同的袜子。左脚的袜子和右脚的袜子颜色从来都不一样。这是一个可靠的信息。

假设伯特曼先生告诉我们，他今天选择了红色和蓝色的袜子。那么我们知道了什么？我们获得了关于"左脚的袜子和右脚的袜子"这个系统的信息。但我们仍然不知道两者的颜色分别是什么。

不过，我们现在只需要做一个实验，就能同时确定两只袜子的颜色：让伯特曼拉起他的左裤腿。如果我们认出下面是一只红袜子，我们就知道，蓝色袜子一定在他的右脚，反之亦然。只要观察一只袜子，就能立即获得关于另一只袜子的信息。

20世纪80年代初，物理学家约翰·斯图尔特·贝尔（John Stewart Bell）也在欧洲核子研究中心工作，他以同事莱因霍尔德·伯特曼的袜子为例，解释了人们有时可以在测量一个物体的同时，获得关于另一个物体的信息。贝尔在名为《伯特曼的袜子和现实的本质》（*Bertlmann's Socks and the Nature of Reality*）的文章中解释了经典测量和量子测量之间的区别，伯特曼的袜子也因此在物理学界声名鹊起。

莱因霍尔德·伯特曼这位年轻的欧洲核子研究中心研究员后来成为维也纳一位受人尊敬的物理学教授，就量子理论的基本问题撰写了很多重要的专业文章。他一直保持着穿不同颜色袜子的习惯。并且无论是在研究所还是在国家歌剧院，只要有人问起他的袜子，他总是乐于向人展示，尽管他可能更希望人们关注别的方面。"每个人都想看我的袜子，但不想看我的文章！"他抱怨道。

局部现实主义

伯特曼的袜子是我们日常生活中司空见惯的物件的典型代表：无论你是否看到袜子，它们都只有一种颜色。这种颜色并不是观察者在看袜子的那一刻确定的，而是早已明确的事实。关注明确存在的客观现实的观点被称为"现实主义"。

此外，袜子的颜色是一种局部现象。有关袜子颜色的信息就在袜子上，其他任何地方都没有。如果宇宙中某个地方发生了一件事，而袜子当时不在那里，那么这件事就不可能影响袜子的颜色。这是"局部性原则"。

通常情况下，事物通过直接接触相互影响。玻璃窗碎裂是因为它与足球直接接触。猫粮离开了猫碗，因为它与猫直接接触。两块相互排斥的磁铁看似没有直接接触，但它们在不断地交换光子——磁斥力的产生原理。

对局部性起决定性作用的是，因果只能以不超过光速的速度相连。这是爱因斯坦相对论最重要的原则之一：宇宙中任何信息的传播速度都不能超过光速。因此，任何相互作用的速度也都不能超过光速。

相对论认为：如果一个信号违反了这一宇宙速度限制，我们就不可能弄清这个信号是在向未来还是在向过去传播，我们也不可能确定是先发送信号还是先接收信号。

然而，如果信号在传输之前就被接收到，那么因就果之后。因和果互换了位置，现实的逻辑就会被打乱。例如，你可以在一本书写成之前读到它；你可以在别人说出一个笑话之前就笑出声。这将是一个非常混乱的宇宙。

20世纪初已知的所有科学理论都完全符合现实主义和局部性原则。它们甚至适用于万有引力理论——万有引力也是一种局部力。这听起来可能有些奇怪，因为在我们看来，万有引力是一种非接触式远距离效应的典型例子：行星可以在任意距离上相互影响，相互施力。

但是，即使是引力也不能违反局部性原则；它也只能以光速传递信息。例如，如果引力场因为两颗大质量中子星相撞而发生变化，那么只有当相关信息以引力波的形式传播时，宇宙的其他部分才会感知这一点，而引力波是以光速传播的。

用稍微不那么精确的语言来说，如果有一种方法可以神奇地把太阳传送走，那么地球仍然会按照与之前完全相同的轨道运行大约8分钟。太阳突然消失的信息需要这么长的时间才能以光速传到我们这里。8分钟后，地球才会像箭一样笔直地飞向无垠的太空。

光速作为信息传递的最大速度，同样适用于袜子：假设我自发地决定要买一只黄绿条纹的袜子。如果我与袜子制造商联系，然后制造商按照我的意愿给袜子上色，那么我的决定改变了很远的距离之外的袜子的颜色——但不是即时改变，而是有一定的延迟。我的信息最快只能以光速传给袜子制造商。没有人能够让袜子违背局部性原则。

现实主义原则和局部性原则经常被放在一起，被合称为"局部现实主义原则"：宇宙中的物质具有独立于我们的观察和认知之外的属性，它们最快以光速相互影响。

双生量子

爱因斯坦确信，局部现实主义原则一定是正确的。爱因斯坦根本无法想象一个不遵守局部现实主义原则的宇宙。但是，量子物理学也遵守吗？

为了弄清这个问题，我们不妨想象一对紧密相关的粒子——量子物理学版的伯特曼袜子。例如，有一个自旋0粒子，它衰变成两个自旋1/2粒子。这两个粒子飞走了——一个向左，另一个向右。

现在，这对双生粒子中的每一个都可以呈现两种不同的自旋状态：要么自旋向上，要么自旋向下。但是，如果原始粒子的自旋为0，那么衰变后，两个粒子的总自旋也必须为0，否则就违反了角动量守恒定律。

这意味着两个粒子的自旋必须始终保持不同：如果向左飞的粒子自旋向上，向右飞的粒子就必须自旋向下，反之亦然。这两个粒子现在是量子纠缠的：它们的状态相互关联。如果我们测量一个粒子的自旋，就会立即知道它的双生粒子的自旋。

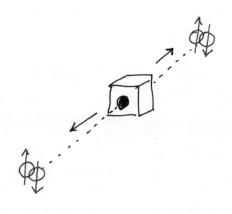

一个粒子朝一个方向运动，另一个粒子朝另一个方向运动。两个粒子都处于自旋向上和自旋向下的叠加态。如果它们是量子纠缠的，那么一个粒子的自旋状态就必然与另一个粒子的自旋状态相关。

这里最关键的一点是，两个粒子都处于自旋向上和自旋向下的叠加态。我们不可能预测对粒子进行自旋测量的结果，此时此刻，粒子的自旋信息还不存在。只有当我们测量一个粒子时，它才会被迫做出决定。

如果这两个粒子是量子纠缠的，那么另一个粒子的状态也会在同一时刻被确定。如果我测量了向左飞的粒子，大自然决定它处于自旋向上的状态，那么向右飞的粒子的状态也被同时决定了。因为我们知道：无论如何，这两者的自旋一定是不同的。这意味着向右飞的粒子突然不再处于叠加态，而是绝对处于自旋向下的状态。即使此时两个粒子处于完全不同的位置，这一点也是适用的。

爱因斯坦和"幽灵远距效应"

了解这一量子纠缠的全部含义非常重要。乍一看，你可能会认为这没什么特别的。就伯特曼的袜子而言，我们最终通过观察获得了两只袜子的信息。袜子之间相隔多远并不重要。如果我有一只红袜子和一只蓝袜子，我可以把它们分别装进两个信封，一个寄往澳大利亚，另一个寄往格陵兰岛（假设我在这两个地方都有喜欢袜子的朋友）。格陵兰岛的朋友收到信封后，一开始并不知道里面装的是红袜子还是蓝袜子。但当他打开信封，发现里面是红袜子时，他马上就知道蓝袜子一定寄到了澳大利亚。反之亦然。

不过，这与量子纠缠完全不同。因为袜子的颜色在任何时候都是清晰的，只是你看不到而已，我把它们藏在信封里了。在信封打开之前，袜子颜色的信息就已经存在了。

然而，粒子处于叠加态。只有在测量的那一刻，它的自旋信息才会出现。而在同一时刻，另一个粒子也产生了明确的结果——它突然不再处于叠加态了。

这正是爱因斯坦认为完全不可能的一点：如果在一个位置进行测量，在另一个位置会立即产生效应，那么因果关系不就以比光速更快的速度联系在一起了吗？如果在同一时刻，两个粒子的量子叠加态在相距甚远的位置坍缩，这难道不违反相对论及其定律，即宇宙中任何信息的传播速度都不能超过光速吗？

1935年，阿尔伯特·爱因斯坦与物理学家鲍里斯·波多尔斯基（Boris Podolsky）和纳森·罗森（Nathan Rosen）一起，就这一问题发表了一篇文章《爱因斯坦–波多尔斯基–罗森佯谬》（通常简称为

"EPR佯谬")。后来，这篇文章成为物理学史上最著名、最重要的科学文章之一。三位作者对这一情况的表述与前文所述略有不同，他们研究的不是自旋纠缠的粒子，而是粒子的位置和动量，但传达的信息是相同的：如果对一个粒子的测量改变了在不同位置的另一个粒子的状态，就违反了局部性原则。

爱因斯坦深信情况并非如此。他说，如果对一个粒子的测量能决定另一个粒子的状态，这就是"幽灵远距效应"，而物理学家不能相信幽灵。对爱因斯坦来说，结论似乎很清楚：量子理论有问题，一定有什么重要的东西被忽略了，波函数不可能完整地描述物理现实。

但是，这种"幽灵远距效应"是可以通过实验来研究的。在大多数情况下，研究的不是粒子的自旋，而是光子的偏振——在技术上更容易实现。有些晶体可以专门用来产生量子纠缠的光子对：只要将一个光子送入其中，就会产生两个光子，每个光子的能量都是原来的一半。如果操作正确，就能得到一对光子，其中一个光子水平偏振，另一个光子垂直偏振——以量子纠缠的方式。每个光子都处于水平偏振和垂直偏振的叠加态。只要测量一个光子，就能立即知道另一个光子的状态。

我们可以让这两个光子朝不同的方向飞，直到它们相距数千米。如果现在测量一个光子的偏振方向，得到"水平"或"垂直"的结果各有50%的概率——无论我们检查的是右边的光子还是左边的光子。

但是，如果我们对两个光子进行测量，会发生什么？假设我们先测量向左飞的光子，并测得它是水平偏振的。片刻后，我们测量向右飞的光子的偏振情况。在这段时间里，即使以光速也无法将第一次测量的信息传递过去。

如果只有在光速下才可能产生影响，就意味着虽然第一次测量确定了一个光子的状态，但确定的信息不可能到达另一个光子处。因此，另一个光子不可能知道第一次测量的任何信息。在50%的情况下，它是水平偏振的；在50%的情况下，它是垂直偏振的。

然而，如果对其中一个粒子的测量能立即决定两个粒子的状态，这就不重要了：两个光子的波函数都会自发坍缩，不会有任何时间延迟。如果一个光子是水平偏振的，另一个光子100%是垂直偏振的，反之亦然。这正是在实验中观察到的情况。

量子纠缠不是传递信息

但这意味着什么呢？虽然EPR实验讨论的是物理学中最奇怪、最令人困惑的问题之一，但我们必须小心谨慎，不要把这个问题神秘化、复杂化。量子纠缠并不违反相对论。不存在比光速更快的信息传输速度——因为如果仔细观察，你就会发现根本没有信息传输。

有时，量子纠缠会被错误地表述为，对一个粒子的操纵会导致其量子纠缠的伙伴粒子也被操纵。就好像你突然让一个原子摆动一下，它的量子纠缠伙伴原子就会神奇地跟着摆动。如果这是真的，那就太令人兴奋了——你就可以制造一部量子电话，超越光速传输，在没有任何时间延迟的情况下与火星上的机器人通信。但事实并非如此。

对一个粒子的操纵不会转移到另一个粒子上。把量子纠缠看作两个粒子之间的"心灵感应",好像有一根看不见的线将它们彼此连通,是完全错误的。

从某种意义上说,两个量子纠缠的粒子是一个量子对象——它们不能分开描述,就像不能区分左右手来描述拍手的声音,两者只有合在一起才有意义。就量子物理学而言,两个量子纠缠的粒子是处于不同位置的单一物体。

如果你测量一个物体——无论在哪里——它的状态就确定了。物体之前处于叠加态,测量后就不再是了。而"不再处于叠加态"会立即影响两个粒子。无须以光速传递,而是即刻到达。

然而,"不再处于叠加态"并不是一种物理特性,至少不是粒子的速度或自旋那样的物理特性。"叠加态是一个见仁见智的问题",它取决于我们进行哪种测量。一个光子穿过一个滤光片,它相对于这个滤光片就有一个非常确定的状态。但是,如果我把另一个相同的滤光片稍微旋转,那么相对于这个滤光片,光子又处于一种不确定的状态,没有人知道它能否通过。

如果我对一个粒子进行测量,使另一个粒子从叠加态变为"不再处于叠加态",后者不会受到任何物理上的影响,没有受到刺激,没有改变动量,没有旋转,只是确定状态。可以说,后者对此毫无察觉,但这种说法有点儿不准确。

也许我们可以把它想成王位继承:当英国女王伊丽莎白二世去世时,她的儿子查尔斯成了国王,即刻,没有任何延迟。王位不需要以光速从已故的女王那里传给新国王——它是自发的。这就是规则。王位的转移在那一刻对新国王没有任何影响。

如果当时查尔斯正乘坐飞船前往火星，那么以光速发送的信息会在几分钟后到达他的手中。到那时，他才会知道自己当上了国王。只有在时间延迟的情况下，王位自发转移的效果才会变得明显。

同理，测量确定了粒子的状态这一事实也只有稍后才会显现出来。例如，在对两个粒子都进行了测量后，我们对测量结果进行比较。然而，要做到这一点，测量一个粒子的人必须与测量另一个粒子的人进行交流，他们的交流又只能以光速进行。

有一点是肯定的：测量量子纠缠的粒子不是传输信息。这是因为只有当我们能够控制信息时，我们才能谈论传输信息。然而，量子测量的结果是完全随机的。在测量过程中，我们无法决定一个光子是水平偏振的还是垂直偏振的，因此我们也无法影响几千米外另一个光子被测量到的偏振方向。

测量只会产生随机的结果。我们可以利用量子纠缠来确保宇宙中两个不同的地方同时产生随机值，而这些随机值彼此紧密相连。这样的事情是可能发生的，这非常有趣，但这不是信息的传递。

隐藏变量：局部现实主义的后门？

但这些都不能彻底驳倒局部现实主义，我们还缺少一个关键点。到目前为止，我们始终认为量子的随机性是一种非常基本的、不可克服的随机形式：在我们看来，量子测量结果并不是因为我们无法对其进行预测而显得随机，而是在测量前，大自然本身尚未确定其结果——测量结果只有在测量的那一刻才出现。

但我们怎么知道这是否正确呢？这无疑是对双缝实验等测量结果的一种合理而简单的解释。但我们能信任它吗？也许爱因斯坦是对的，我们所掌握的量子理论根本不完整？也许测量结果根本与偶然性无关，大自然在测量之前就已经下定决心？也许即将出现的测量结果早已确定，只是我们不知道它在哪里以及它如何被确定？

这类信息被称为"隐藏变量"。例如，我们可以想象，当一对量子纠缠的光子出现时，大自然以某种完全未知的方式设定它们在测量中应该得到什么结果。这和我寄袜子的情况一样：我把哪只袜子寄往哪里可能纯属巧合，但结果在我寄出时就已经清楚明了了。装袜子的信封里有一个隐藏变量，那就是袜子的颜色，虽然我还看不到，但它已经是确定的。

但量子粒子呢？存在这样的隐藏变量吗？你可能会认为这是一个毫无意义的问题，因为无论如何我们都无法推翻隐藏变量的存在。毕竟我们无法否定这个世界上存在一种看不见的独角兽在每年春天下天蓝色的蛋。有可能证明某样东西不存在吗？有时可以。你至少可以考虑它在逻辑上是否存在。

20世纪60年代初，物理学家约翰·斯图尔特·贝尔想到了量子纠缠粒子的实验：如果分别测量粒子，测量结果一定是相关的。但我们能找出为什么会这样吗？这究竟是量子物理学瞬间坍缩叠加造成的，还是某些隐藏变量造成的? 是否有可以想象的实验能够区分这两种情况?

事实证明, 这样的实验确实是可能的。你必须检查许多对量子纠缠的粒子。每次都要对粒子进行几种可能实验中的一种。至于进行哪种实验, 每次都是随机决定的。最后, 计算不同实验中出现各种可能结果的频率。

贝尔能够证明: 如果粒子真的携带着隐藏变量, 那么这些频率必然符合特定的规则。如果不符合, 就一定发生了错误。

例如, 有人测量了许多人的身高, 然后声称10%的人身高超过180厘米, 20%的人身高超过190厘米。这个结论显然有问题, 因为第二组的人包含在第一组内。大高个不可能多于高个, 因为两者存在包含关系。我们无须了解这些人的实际身高分布情况, 就可以判断前面的说法是错误的。

约翰·斯图尔特·贝尔用类似但更复杂的方法, 成功地推导出一个不等式, 我们现在称为"贝尔不等式"。如果存在隐藏变量, 就必须满足这个不等式。否则我们就可以宣布隐藏变量理论和局部现实主义是错误的, 并不需要知道隐藏变量的实际性质。

贝尔不等式

想象一下, 我们制造了一对量子纠缠的光子, 并将它们发送给我们的朋友爱丽丝和鲍勃。他们各自收到一个光子, 并能对其进行测量。

这一次，我们做点儿不一样的：两个光子都处于水平偏振和垂直偏振的叠加态，但我们使两个光子始终提供相同的测量结果。如果爱丽丝进行水平偏振的测量，那么鲍勃也进行水平偏振的测量。如果爱丽丝进行垂直偏振的测量，那么鲍勃也进行垂直偏振的测量。这只是一个技术活，从量子理论角度来看，这没什么特别的——只是让我们在此之后将光子和袜子进行对比时更容易一些。

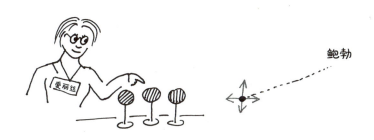

假设爱丽丝和鲍勃有三个不同的滤光片。第一个水平放置，第二个旋转30°，第三个旋转60°。在每次测量前，爱丽丝和鲍勃随机选择一个。他们会记下所选的滤光片和测量结果——光子要么通过了滤光片，要么没有。

这样，他们都得到了一长串结果，然后可以比较。首先，不出意料，他们发现如果他们恰巧选择了相同的滤光片，就会得到相同的结果。这意味着会出现偏振方向相同的光子对。这很好，但我们已经知道了。

我们现在感兴趣的是两人选择了不同滤光片时的结果。在这种情况下，鲍勃的测量结果不一定来自爱丽丝的测量结果。从传统量子理论的角度来看，我们会说：爱丽丝测量了鲍勃的光子状态，也确定了鲍勃的光子状态。但是，鲍勃测量的不是这个方向，而是另一个方向。相对于鲍勃测量的方向，光子的偏振方向并没有明确定义，而是处于叠加态。

如果爱丽丝和鲍勃使用不同的滤光片，就会出现一对光子同时通过两个滤光片、只有一个光子通过滤光片或根本没有光子通过滤光片这三种情况。

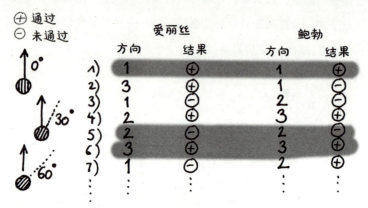

在测量1、5和6中，爱丽丝和鲍勃碰巧选择了相同的滤光片，因此在三次测量中，他们得到相同的结果。但其他几次的测量结果显然不是这样。

　　这就好比把两个滤光片一前一后放置：如果它们的方向夹角为90°，结果是肯定的——没有一个光子能通过。如果它们的方向完全相同，结果也是肯定的——光子只要穿过第一个滤光片，就一定能穿过第二个滤光片。但是，如果方向夹角在0到90°之间，那么有些光子会通过，有些则不会。夹角越接近0，光子通过的概率就越高。夹角越接近90°，光子通过的概率就越低。但是，对每一个光子来说，测量结果都是随机的。

　　然而，如果我们相信存在隐藏变量，那么在这种情况下，不管爱丽丝和鲍勃选择了哪个夹角滤光片，关于测量结果的信息都一定写在了某个地方。例如，我们可以想象，光子中存储了不是一个，而是三个隐藏变量——就像袜子不只有颜色属性，还有其他属性一样。

　　我们设定，袜子不仅有"红或蓝"的属性，还有"大或小"和"条纹或斑点"的属性。在前面的实验里，我们向爱丽丝和鲍勃发送相同状态的光子对，这意味着，这次我们谈论的不是颜色不同的伯特曼袜子，而是两只看起来一模一样的袜子。爱丽丝和鲍勃不知道他们会收到哪只袜子，但每一只寄出的袜子都具有"颜色、尺寸和图案"这三个属性的特定组合。然而，爱丽丝和鲍勃每次只能测量其中一个属性。或许爱丽丝决定记下袜子的颜色，而鲍勃则决定记下袜子的图案。

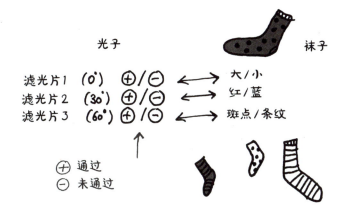

　　对这样的袜子组合进行多次测量后，我们就可以分析爱丽丝和鲍勃的结果了。之前，我们决定只分析爱丽丝和鲍勃选择不同测量方向的情况。在袜子的例子中，这相当于爱丽丝和鲍勃注意到不同袜子属性的情况。这意味着每双袜子都有两个不同的属性需要测量——一个是爱丽丝的，另一个是鲍勃的。第三个属性没有测量。因此，我们可以知道每双袜子的颜色和尺寸、尺寸和图案，或者图案和颜色。

　　起初，我们不知道这些属性之间有什么联系。也许所有的小袜子都是红色的，也许70%的蓝色袜子都是条纹的，也许这些属性之间根本没

有关系。无论如何，某些逻辑事实一定是适用的。例如，红色大袜子的
数量必须等于红色斑点大袜子的数量加上红色条纹大袜子的数量。

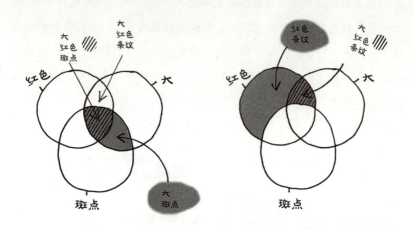

此外，以下结论是显而易见的：红色斑点大袜子的数量不可能大于
斑点大袜子的数量，因为前者是后者的子集。同样，红色条纹大袜子的
数量也不可能大于红色条纹袜子的数量。我们将这两者结合起来，得出
以下结论：红色大袜子的数量小于等于斑点大袜子的数量加上红色条纹
袜子的数量。

你如果相信有隐藏变量，就可以把这个推理用在爱丽丝和鲍勃的光
子测量结果上。三个袜子的属性对应三个方向，每个方向都有两种可能
的结果，就像袜子的每个属性都有两个不同的分量。因此，我们可以得
出这样的结论：既通过滤光片1又通过滤光片2的光子对数，小于等于既
通过滤光片1又通过滤光片3的光子对数，加上通过滤光片2但没通过滤
光片3的光子对数。

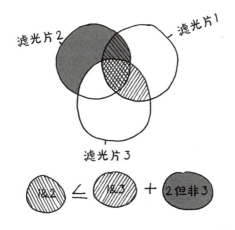

如果测量结果在测量之前就能够知道，如果存在局部现实主义中的隐藏变量，那么这个不等式在任何情况下都一定成立。我们并没有规定这些变量应该是哪些变量，它们必须存储在哪里、如何存储，它们是如何确定的，它们之间如何关联——所有细节都无关紧要。我们不需要知道隐藏变量的任何信息，但我们仍然可以提出这些变量在任何情况下都必须满足的不等式。约翰·斯图尔特·贝尔于1964年率先提出这个不等式。其表述与这里略有不同，但基本思想是一样的。

现在到了关键时刻：当爱丽丝和鲍勃分析他们的测量结果时，他们发现测量数据不符合这个不等式。我们用非常基础的原理推导出了贝尔不等式，原则上这些基础原理始终适用于局部现实主义中的隐藏变量。但自然界并不遵守这些原理。因此，我们只能得出一个结论：局部现实主义中的隐藏变量并不存在。

然而，根据普通量子理论的规则，在没有任何隐藏变量的情况下，我们可以毫无问题地解释这个问题：如果一个光子已经通过了滤光片，我们就知道了它在测量方向上的偏振。如果我们现在换一个方向再次测量它的偏振,那么它能通过第二个滤光片的概率等于两个滤光片所成夹角的余弦的平方。如果两个滤光片的方向完全相同,即当夹角为0时,余弦的平方为1,因此概率为100%。夹角为30°时,概率为75%。夹角为60°时,概率为25%。夹角为30°时,只通过一个滤光片的概率也是25%。

滤光片1和3的夹角为60°,滤光片1和2或滤光片2和3的夹角为30°。我们的不等式就转化为:75% ≤ 25%+25%。

这显然是错误的。量子理论显然不符合局部现实主义中的隐藏变量。

～～～～～～～～～～～～～～～～～～～～～～～～～～～～～～～～～～～～～～

通过实验验证贝尔不等式是否成立是一项艰巨的任务。有许多可能存在的漏洞需要仔细填补。

首先,你必须确保没有信号可以从一个测量点传递到另一个测量点,要让粒子彼此离得非常远;然后,尽可能同时测量它们,即使光速也来不及将信号从一个测量点传到另一个测量点。根据局部性原则,两次测量是相互独立的。

然而,约翰·斯图尔特·贝尔的方法有一个重要的要求,即每次都要在两个测量点自发地随机决定进行哪项实验。因此,有必要安装随机发生器,以便在实验过程中尽快、时间尽可能相近地决定进行哪项实验,从而保证这一信息不会以任何先前未知的方式到达另一个测量点。

美国的约翰·克劳瑟(John Clauser)、法国的阿兰·阿斯佩特(Alain Aspect)和奥地利的安东·蔡林格进行了复杂的实验,花费巨资堵住了这种漏洞。这些实验非常清楚地表明,贝尔不等式不成立。现实并不符合约翰·斯图尔特·贝尔提出的原则。

这意味着，约翰·斯图尔特·贝尔以非常笼统的方式描述的隐藏变量是不可能存在的。量子物理学推翻了局部现实主义观点。约翰·克劳瑟、阿兰·阿斯佩特和安东·蔡林格因此于2022年共同获得了诺贝尔物理学奖——遗憾的是，约翰·斯图尔特·贝尔没能活着看到这一幕，他于1990年去世。

越来越奇怪

对世界上大多数量子物理学家来说，他们在日常研究中显然不需要担心隐藏变量。在解决量子物理问题时，人们可以放心地使用通常的量子理论，包括波函数和叠加态的突然坍缩，不需要考虑隐藏变量。哥本哈根诠释已经证明了量子理论的价值。

你如果较真的话，仍然可以认为隐藏变量并没有被完全排除。贝尔不等式不成立的事实只是排除了某些类别的隐藏变量——局部现实主义中的隐藏变量。还有其他类型的隐藏变量，比如非局部隐藏变量，即同时存在于宇宙各处的隐藏变量，这样两个粒子就可以在不同位置同时相互影响。

但是，相信这样的东西又有什么用呢？隐藏变量之所以被发明出来，正是因为人们想用它来解释普通量子理论中奇怪的非局部性！这就好比你要安装一扇昂贵的防盗门来防止窃贼进入，但把一个臭名昭著的窃贼叫到家里来安装这扇门。

你还可以抛出更奇怪的构想，比如质疑是否真的可以自由选择实验类型。也许即使是最好的随机发生器也能戏弄我们，它其实在按照宇宙大爆炸时制订的无形总计划提供数据？

你可以对这一切进行猜测。但这不是科学研究。对物理学来说，决定性问题是：我们可以用哪些理论来解释世界？如果几种理论都能得出相同的结果，哪种理论更简单、更实用？而这正是量子理论的哥本哈根诠释获胜的原因所在。它可能很奇怪，但在所有能正确描述我们世界的观点中，它可能是最不奇怪的。

又是爱因斯坦！

现在我们清楚了，量子和袜子是两种截然不同的东西。但它们也有一个惊人的共同点：阿尔伯特·爱因斯坦在这两者上都遇到过困难。据说，他是个"袜子恐惧症患者"，即使在节日里也尽量避免穿袜子。另外在他看来，量子理论并不是一个令人满意的、完备的理论，而是通往真理道路上的一个过渡方案。

物理学史上有一个奇怪的讽刺：爱因斯坦一生的主要成果——相对论——从未获得诺贝尔奖，但他的"光量子"思想获得了诺贝尔奖，这使他成为量子理论最重要的奠基人之一，他却从未真正喜欢过量子理论。后来，爱因斯坦与波多尔斯基和罗森一起提出了EPR佯谬，这个悖论至今仍在挑战量子研究。

爱因斯坦的EPR思想实验实际上想说明量子理论不可能是完整的：

如果假设除了粒子的波函数之外什么都不存在，那奇怪的非局部效应就会随之而来。爱因斯坦认为，没有人会认真考虑这种疯狂的非局部效应的可能性。

但约翰·斯图尔特·贝尔和贝尔不等式实验表明：奇怪的非局部效应可能确实存在。大自然就是如此奇特，比爱因斯坦想象的还要奇特。

第九章

量子传送和量子密码

远距离量子传物是什么原理？

量子纠缠的粒子如何用于发送秘密信息？

为什么量子物理学不允许思想传输？

量子纠缠可用于令人着迷的技术。

这本应是一个充满希望的世界。在这个世界里，科学将人们团结在一起，金钱不再重要，平等占据了主流。20世纪60年代初，当全世界的人们都在为核武器忧心忡忡时，编剧吉恩·罗登贝里（Gene Roddenberry）正在创作一部电视连续剧，展现一个乐观、充满希望的未来。这部名为《星际迷航》（*Star Trek*）的电视剧改变了美国的影视发展。

在罗登贝里的"星际迷航"宇宙中，人类为了探索银河系的伟大目标而共同努力。他们依照理性和科学的原则行事——在这样的世界里，没有政治纷争和歧视。因此，在试播集中，进取号（企业号）星舰的大副由女性担任。不过，也许制片人觉得这个设定过于激进，这一角色后来被改了，斯波克在第一季中改任大副——虽然是外星人，但至少是男性。人还是要保守一点儿。

在吉恩·罗登贝里的太空故事中还是有坚强的女性的。在第三季中，柯克舰长和他的通信官乌胡拉之间有一个著名的吻——这是美国影视史上两个不同肤色的人之间的第一个吻，在当时引起了轰动。进取号的舰桥上也坐过一位日本军官，这在第二次世界大战后的最初二十年里也是不同寻常的事情。

相对论在这个故事宇宙中似乎并不起作用。借助所谓"曲速引擎"，你可以轻而易举地进行超光速旅行。在这样

一个乐观的未来世界里，登陆外星球的最佳策略是什么呢?

吉恩·罗登贝里为此想出了一个非常特别的办法——传送。通过一种无法解释的方式，你在飞船中被转化成辐射，传送到某个星球表面，并在那里以物质的形式复原。

采用这种方式的主要原因之一可能是为了避免出现烦琐的着陆场景。如果只是传送，就不需要昂贵的着陆穿梭机飞到星球上，减速、着陆，并以相当具有视觉说服力的方式扬起外星尘埃。只需一点儿闪亮的灯光和未来主义的音效，你就可以被传送走了。如果你还带着通

信设备，也许还有一把射线枪和一套合适的太空服（最好不是红色的[1]），那就几乎不会出什么差错了。

粒子不是巧克力蛋糕

束流技术是科幻小说中的一个有趣案例，它在发明之初并没有真正的科学背景，但随着时间的推移，却获得了科学的支持。现在，传送技术也成为现实——虽然不能像进取号上那样传送人类，但至少能够传送单个粒子（量子隐形传态）。

不过，有必要澄清其含义：量子隐形传态并不是一种将物质转化为辐射，然后在另一个地方再将其转化为物质的科幻技术。在量子隐形传态中，从一个地方传送到另一个地方的是信息。简言之，将一个粒子的状态传输给另一个粒子。可以说，被传送的不是粒子，而只是粒子的属性。

然而，这种表述也有问题，因为粒子和粒子的属性原则上是无法区分的。如何判断一个人发射的是"粒子"还是只是"它的属性"呢？这难道不是一回事吗？

例如，我烤了一个巧克力蛋糕，并在半夜饥肠辘辘时把它吃掉了。第二天，我把蛋糕食谱发给一个朋友，她严格按照食谱烤了同样的蛋

---

1 《星际迷航：原初系列》（*Star Trek: The Original Series*，1966—1969）中，身着红色制服的角色经常在剧集中死亡。后来常用"Red Shirt"（红衫）一词或身着红衫的形象来代表注定要受苦或死亡的人物。——译者

糕。在这种情况下，我没有把蛋糕从自己家里传送给朋友。确实，我的桌子上有一块巧克力蛋糕，朋友的桌子上也有一块巧克力蛋糕，但毫无疑问，它们是两块不同的蛋糕。它们非常相似，但肯定不完全相同。

量子粒子不是巧克力蛋糕。两个具有相同量子特性的粒子不是两个不同的粒子。我们无法区分它们，自然界也无法区分它们，甚至它们自己也无法相互区分。除了量子特性（比如自旋或能量状态），粒子没有任何"个性"。可以说，粒子只是其量子特性的总和。从这个意义上说，只要一个粒子的量子态被转移到另一个粒子上，我们就完全可以宣布："它被远距离传输了。"

20世纪90年代，人们提出了如何借助量子纠缠实现量子态转移的想法。后来，这一想法在实验室中成功实现。

光子及其对立面的对立面

这种量子传送技术的细节非常复杂，但其基本原理还是比较容易理解的。想象一下，爱丽丝和鲍勃坐在两间不同的实验室里。爱丽丝有一个状态未知的粒子，比如一个处于水平偏振和垂直偏振叠加态的光子。我们称它为"光子1"。

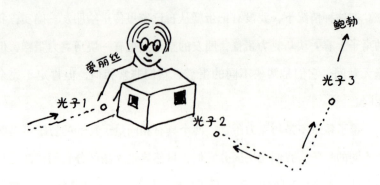

我们现在的目标是传送这个光子的状态。我们不能测量它，否则我们将不可避免地改变它。我们要把它完整地传送到鲍勃手上的光子上。为此，我们要再生成两个光子——光子2和光子3。我们要确保这些光子的量子纠缠方式能够使它们处于相反的状态：如果一个光子是水平偏振的，另一个光子就是垂直偏振的，反之亦然。其中一个总是与另一个相反。

我们将光子2给爱丽丝，将光子3给鲍勃。现在到了关键时刻：爱丽丝将光子1与光子2进行纠缠。量子纠缠有多种状态，比如让光子1和光子2始终处于相反状态的量子纠缠。

为了产生这种量子纠缠，爱丽丝将两个光子都发送到分光镜上。两个光子同时击中同一个点，它们既可以被分光镜传输，也可以被分光镜反射。这是纯粹的量子随机性。

我们在分光镜两侧设置一个光子探测器。两个光子可以进入任意一个探测器——取决于被分光镜传输或反射。因此会产生不同的结果：有可能两个探测器各测量到一个光子，也有可能一个探测器同时测量到两个光子。但是，无论哪个探测器测量到多少个光子，我们都无法确定哪个是光子1，哪个是光子2。原则上，你无法分辨这两个光子。它们不再是单独的光子，而是量子纠缠的光子对。

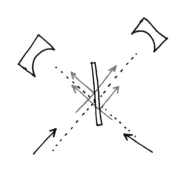

然而，这还是不能确切地告诉我们光子1和光子2处于哪种量子纠缠态。也许两个光子的偏振方向总是相反的，也许两个光子的偏振方向总是相同的。

两个探测器会告诉我们，在这两种可能的状态中哪一种已经成为现实。我们可以用数学方法来说明：如果两个探测器各记录到一个光子，那么它们一定处于反对称态，即两个光子偏振方向相反的状态。因此，当两个探测器都测量到一个光子时，我们就能肯定光子1是光子2的对立面。

~~~~~~

等等！光子2已经与光子3发生了量子纠缠，即光子3与光子2相反。现在，我们又把光子2与光子1进行了量子纠缠。这样，光子2成了光子1的对立面。

这就意味着光子3是光子1的对立面的对立面，而光子1是我们想要传送的原始光子。这也意味着，光子3的状态与光子1的状态完全相同——我们把原始光子的状态转移到了光子3上——一个我们什么都没做的光子上。这个光子在整个过程中都没有受到任何影响，只是安静地飞到了鲍勃的实验室。我们把一个光子从爱丽丝那里传送到了鲍勃那里。

然而，我们完全破坏了原始光子的状态。这是不可避免的。通过创建量子纠缠，爱丽丝的实验室中不再存在关于原始光子的信息——其状态作为副本保存在鲍勃的实验室中。

因此，量子隐形传态不是量子复制。这是一条重要的自然法则，被称为"不可克隆定理"：量子态是无法复制的。我们不可能利用一个粒子的状态，让其他几个粒子都处于完全相同的状态。但是，我们可以利用量子隐形传态，在不直接测量的情况下，将未知状态转移到另一个粒子上。

然而，在整个过程中有一个很大的问题：只有当爱丽丝创造了一种非常特殊的量子纠缠状态时，传送才会起作用。但这是否发生纯属偶然。只有当爱丽丝创建了正确类型的量子纠缠时，光子1的量子态才会正确地转移到鲍勃实验室中的光子3上。

但是，如果爱丽丝意识到这一点，传送就没有成功。光子3就会处于与计划不同的状态。不过，事后仍可进行修正：在这种情况下，可以对鲍勃实验室中的光子进行操作，使其最终仍处于理想状态，即光子1的初始状态。

这是这种传送程序的重大缺陷。这意味着量子传送并不是完全自动运行的。鲍勃可能需要在最后提供一点儿帮助，只有爱丽丝知道他是否需要这样做。

爱丽丝可以简单地打电话给鲍勃，告诉鲍勃她的实验结果。然后，鲍勃就知道他的粒子是否已经处于成功传送的状态，或者他是否还需要操纵。但打电话交谈是典型的信息交换，其速度永远不可能超过光速。这意味着量子瞬移无法超越光速。如果爱因斯坦读到这里，他可能会点头说道："我就知道！"

从一个岛传送到另一个岛

1997年，诺贝尔奖得主安东·蔡林格的团队成为首批成功实现量子隐形传态的团队之一。蔡林格并不满足于简单地将光子从一间实验室传送到另一间实验室。2004年，他的团队通过维也纳多瑙河下的光纤电缆将量子态传送到数百米外。这表明，即使是温差等环境影响也不会破坏量子隐形传态。

安东·蔡林格

后来，人们甚至在大西洋的拉帕尔马岛和特内里费岛之间实现了量子隐形传态，传送距离长达143千米。因此，"量子物理学只发生在微小尺度上"的观点是绝对错误的：如果你创造了一对光子，并使其在相距143千米的情况下保持量子纠缠，在某种意义上，你就创造了一个直径为143千米的量子粒子。尽管体积如此大，它的行为却无法用适合大型物体的经典自然法则来解释。

随着时间的推移，又出现了许多其他的量子传送实验。人们不仅可以远距离传输光子，还可以传输其他粒子，如原子。要做到这一点，你需要寻找能够在两种不同状态之间轻松来回切换的原子，比如能在自旋向上和自旋向下之间，或者在能量最低和能量稍高的状态之间切换。你不需要担心技术细节。这些原子被电磁场捕获并被固定在原地。现在，你可以使用类似于光子的传送技巧，将一个原子的状态传送给另一个原子。

然而，你必须仔细思考这究竟意味着什么：整个原子被传送了吗？并非如此。只有原子的单一属性被传送给了另一个原子，比如它的能量状态（假设这两个原子的所有其他属性都是相同的）。

不幸的是，量子传送量子隐形传态比科幻电影中的传送复杂得多。你只能传送最初处于叠加态的属性。因此，要想制造一个可以将人类和外星人从一颗行星上传送到飞船里的装置，就必须从一个量子态开始，这个量子态要对应所有人类和所有外星人的叠加态。

而要想把柯克舰长从外星球传送回飞船，就必须使这个复杂得难以想象的包含所有可能性的叠加态坍缩成一个非常特殊的状态——柯克舰长在地球上的原子结构。无论我们对量子技术的未来发展持多么乐观的态度，这都不会成功。

更重要的是，这种传送会引发一些非常奇怪的哲学问题：被传送上船的真的是柯克舰长吗？柯克舰长是否已经被残酷的量子测量无可挽回地摧毁了，传送装置在飞船上制造了一个柯克舰长的复制品？我们是否应该称他为"柯克舰长2号"？如果柯克舰长昨天吃掉了最后一份克林贡蠕虫（Gagh），我们能对今天传送过来的柯克舰长生气吗？柯克舰长的太空驾驶执照是否仍然有效？为了安全起见，他是否有必要重新参加飞船驾驶考试？

就粒子而言，我们可以说它没有"个性"，如果它的量子属性只是被转移了，我们就可以认为它被远程传送了。但这是否适用于太空舰长这样的宏观物体，则是一个完全不同的问题。

单个粒子可以被想象成几乎与世界隔绝的物体。你可以给这个粒子分配一个状态，这个状态可以转移到另一个粒子上。然而，像人类这样的"庞然大物"不断地与周围环境发生交互。我们不断地与周围的粒子碰撞，不断地与世界其他部分纠缠在一起——从量子物理学角度讲，我们与周围的环境密不可分。因此，我们的量子状态在哪里结束，宇宙其他部分的量子状态在哪里开始，是无法准确界定的。如果我们想被传送到宇宙飞船上，我们到底想传送什么呢？

我们将被迫选择一个妥协方案：我们无法被准确地传送，只能以一种类似的形式恢复。这又让我想起了巧克力蛋糕。我们在这里吃了它，然后在那里用同样的食谱再烤一块，你是否接受这是"传送"？这可能是一个见仁见智的问题。

秘密信息

另一种基于量子纠缠的技术——量子密码学——已经发展得非常成熟。自从人们有了互相发送信息的想法以来，总有人想在未经授权的情况下截获这些信息。

你可以派一名信使骑马带着重要的秘密前往邻国。但是，你必须

做好准备，因为可能会有坏人
劝说他泄露秘密，比如用一大
笔钱贿赂他，或者干脆威胁要
打断他的腿。你可以打电话传
递信息，但电话可能会被监

控。你还可以通过光缆发送信息，但信息可能会被拦截。每出现一种
新的通信方法，就会产生一种新的拦截方法。

以上方法都可以通过数据加密来提高安全性。信息可以用密码写
下来，也可以设计复杂的加密方法，只有知道密钥的人才能破译信息。
这样做的唯一问题是，如果你经常使用相同的密钥，坏人就有机会找
到密钥，破解密码并读取信息。

例如，你通过用其他字符替换字母的方式来进行加密，比如将
"A"改为"$"，将"B"改为"#"。于是，可读的文本就变成了难以
辨认的杂乱字符串。然而，如果是较长的文本，杂乱的字符串就很容
易被破译。以德语文本为例，最常见的字母是"E"。因此，最常见的
字符几乎可以肯定就是"E"的代码。只要对统计学和超级计算机稍加
应用，这种简单的密码就能很快被破解。

只有使用"一次性密码本"才能实现绝对安全。这个密钥至少和
我要发送的信息一样长，而且只使用一次。每条信息和每个密钥都可
以写成二进制数，即一系列的0和1。假设爱丽丝要给鲍勃发一条信
息。她首先随机选择一个密钥，比如"10111100"。她在把这个密钥交
给鲍勃时，要避免任何欺诈或窃听行为，确保除了爱丽丝和鲍勃，没

有人知道这个密钥。

在此条件下，爱丽丝就可以向鲍勃发送完全防破译的信息。假设她要发送的信息是"10001111"。这条信息由八位二进制数字组成，长度与密钥相同。爱丽丝对信息进行加密，规则很简单：对应密钥中出现0的位置，加密信息的数字保持不变；对应密钥中出现1的位置，加密信息的数字改变——0变为1，或1变为0。

信息：	10001111
密钥：	10111100
加密信息：	00110011

爱丽丝可以以任何形式将加密信息发送给鲍勃。她可以在电话里把这串数字大方地读给鲍勃，她可以把这串数字明晃晃地画在建筑的墙上，她还可以让飞机拉烟，把这串数字"写"在空中。

还有谁能读到这串数字不重要，因为它本身没有任何信息价值——没有密钥，就无法从中得知信息。如果密钥和信息的长度相同，信息就无法用统计学方法破解——只要爱丽丝对每条信息都使用新的密钥。那么，只有鲍勃才能将加密信息转换为原始信息。

但这一策略的缺点显而易见：只有当爱丽丝确保除了自己和鲍勃之外，没有人知道密钥时，它才会起作用。这一点真的能保证吗？也许有人复制了密钥？也许爱丽丝把密钥交给鲍勃时有人在暗中监视？这就是量子理论发挥作用的地方：它可以保证万无一失。

量子密码：通过量子纠缠进行加密

只需一个能发射光子对的光子源——一个光子发送给爱丽丝，另一个光子发送给鲍勃。这些光子最初都没有明确的偏振方向，但它们的量子纠缠方式使其具有确定性：无论鲍勃测量到光子是水平偏振的还是垂直偏振的，爱丽丝总是得到相反的结果。

注意，爱丽丝和鲍勃测量的不一定是"水平偏振或垂直偏振"。他们还可以测量其他的偏振方向，例如，光子是对角线偏振还是反对角线偏振。每次测量之前，两人自行决定测量的方向，这完全是随机的。测量一定的次数后，两人会公布他们为哪个光子选择了哪个测量方向。这些信息并不是秘密，每个人都能看到，但爱丽丝和鲍勃对每次测量的结果保密。

现在，每个被测量的光子对都有两种可能。第一种可能，爱丽丝和鲍勃偶然选择了相同的测量方向。在这种情况下，两人都能确定无疑地知道对方得到的测量结果。虽然结果纯属巧合，但如果这两个光子是量子纠缠的，那么它们会自发地、不可预测地产生相同的随机数——爱丽丝和鲍勃可以将其用作加密代码。

第二种可能，爱丽丝和鲍勃选择了不同的测量方向。爱丽丝和鲍勃不能利用这种情况生成密码，但他们可以利用这些结果来确定自己是否被窃听。

如果爱丽丝和鲍勃被窃听了，就意味着有人截获并测量了光子。（并且很可能向爱丽丝和鲍勃发送了其他光子，这样他们就不会注意到任何可疑之处。）但量子物理学的一个无可辩驳的定律是：测量会导致叠加态坍缩，测量会干扰叠加态。如果有人在窃听爱丽丝和鲍勃，那么发送给爱丽丝和鲍勃的光子就不再处于量子纠缠的状态。爱丽丝和鲍勃可以通过统计分析测量结果来确定这一点。

如果光子一直保持量子纠缠，那么测量结果必定违反贝尔不等式，这是我们已经确定的能够识别量子纠缠的方法。如果统计结果没有违反贝尔不等式，爱丽丝和鲍勃就知道，他们面对的不是量子纠缠的光子对，而是没有任何特定量子物理学联系的光子。在这种情况下，他们能够立即明白，一定出了什么问题。

他们也可以在实验的基础上交换一些结果：选择相同的测量方向，看看他们是否真的总是得到完全相反的结果。如果有外人监听，情况也不会是这样。

最关键的是：无论你想出什么巧妙的招数来拦截信息，根据量子物理学的基本定律，你都只能在改变信息的情况下才能读取它。一旦发生了这种情况，爱丽丝和鲍勃就会立即意识到，并重新开始。如果爱丽丝和鲍勃意识到一切都按部就班地进行，没有人恶意拦截任何光子，他们就都有了一个随机码，在整个宇宙中再没有人能知道这个随机码。他们现在可以用它作为一次性密码来交换信息。

加密者和解密者之间长达数千年的竞争似乎已经尘埃落定：在量子理论的保证下，传输别人无法读取的信息终于成为可能。

唯一的问题是：这真的能提高数据安全性吗？数据被窃取、拦截或非法解密涉及的往往不是技术的问题，而是人的问题。即使没有量子物理学,也有加密技术能够达到非常高的安全级别。所以,问题往往不在于安全级别不够,而在于没有充分利用。如果你在开放式办公室里把密码写在纸上,然后贴在电脑屏幕旁,那么即便有了量子密码,你可能也不能从中受益——问题出在别处。

还有一个关键问题,即使使用量子技术也很难解决——身份验证问题。如果爱丽丝和鲍勃用量子纠缠的粒子生成了一个随机密钥,他们可以确定他们是在一个未被窃听的量子连接线路上进行通信的,但他们不能完全确定自己是在和谁通信。爱丽丝怎么知道鲍勃真的在线路的另一端呢?如果入侵者插在鲍勃和爱丽丝之间,并与他们建立安全的量子连接,就有可能诱骗鲍勃和爱丽丝说出他们的秘密。

当然,如果爱丽丝和鲍勃商定在对话结束时说出一个秘密号码,就可以解决这个问题。但是,这个秘密号码必须存储在某个地方,这也是不安全的。诚然,量子通信无法被拦截——但永远不会有完美的安全性。

量子纠缠与心灵感应

用于量子远距传输或量子密码学的量子态展现了最高限度的量子纠缠。它们定义明确,相对容易解释。

当然,现实总是混乱和复杂的。一旦走出了可控的量子实验室,量子纠缠就是一团乱麻。粒子相互碰撞、交换力,在这个过程中会产生量子纠缠。但当它们与其他粒子再次碰撞时,量子纠缠很快就失去了意义。但从纯数学的角度来看，我们仍然可以说，万物在某种程度上都是量子纠缠的。

虽然我们既无法测量它，也无法在技术上利用它，但宇宙中所有的粒子至少都有一点儿量子物理学上的联系。毕竟，它们都源于混乱的量子纠缠，在宇宙大爆炸后不久，宇宙中的所有物质都在量子的疯狂碰撞中纠缠在一起。

量子纠缠无处不在，它是我们现实生活中不可避免的一部分。不幸的是，正因如此，它常被误用为奇怪的神秘主义观点的论据，比如有人说："量子物理学证明，我们都是联系在一起的！""量子物理学认为，宇宙中的所有事物都与其他事物相连！"

这在原则上并没有错，但不需要量子物理学来证明。我们从宇宙大爆炸中诞生这一事实本身就意味着我们在某种意义上是逻辑相连的。万有引力也意味着万物之间的联系：每个物体都会对其他物体产生引力，而这种力的作用范围是无限的。当我举起手时，我对火星上某处不起眼的小石头施加的引力会发生微小的变化。

因此，宇宙万物之间存在某种联系这一事实并不是量子理论向我们揭示的大秘密，而是一个相当普通、众所周知的事实。当然，要想用量子纠缠来解释并不存在的现象，比如心灵感应，这在科学的角度上是完全站不住脚的。

"如果量子传送真的存在，并且我们彼此都是量子纠缠的，难道思想不能从一个人的脑袋里传送到另一个人的脑袋里吗？"

不可能。虽然电真的存在，并且我们的神经细胞也是通过电化学连接的,但这并不意味着我们只要动脑就能给厨房里的电动搅拌机供电。你用语法正确的方式组合科学术语,并不一定意味着你对这个世界说了什么有意义的话。

　　量子纠缠不是简单努力的结果,它必须经过巨大的努力才能产生。如何使我们头脑里的粒子和别人头脑里的粒子产生有目的的量子纠缠,仍然是个无解的问题。

　　假设心灵感应的量子纠缠真的存在,那么它会是怎样的量子纠缠态呢? 在测量时,粒子会处于相同的状态,还是相反的状态? 我们即使知道答案,在对脑中的粒子进行测量时也只会得到一个随机数,仅此而已。这与思维转移毫无关系。

　　假设这种荒谬的情况真的成为现实,即克服一系列不可能后,我们头脑中粒子的状态实际上可以被传送到另一个人的头脑中。为什么别人头脑中的思想会与我们头脑中的思想产生联系呢? 为什么我们的细胞中不断发生着的完全随机的粒子活动会坍缩成这种特定的粒子状态呢?

非局部性：其实不奇怪

量子纠缠不是魔术。它可以用数学方法来理解和计算。对于量子纠缠，真正具有挑战性的是非局部性问题：对一个粒子的测量行为竟然会影响另一个处于完全不同位置的粒子的状态。这是令人困惑的核心问题，也正是爱因斯坦不得不面对的问题，更是未来一定会继续令人头疼的问题。

然而，波函数的非局部性坍缩是量子理论不可分割的一部分。实际上，你不需要量子纠缠来实现这一点。想象一个粒子，它能像波一样在空间中传播。它的位置不确定，它的波函数能同时出现在许多地方。如果我们现在突然测量这个粒子的位置，会发生什么呢？我们在双缝实验中已经知道了答案：波函数坍缩，粒子被赋予一个明确的位置，它会突然位于被测量的位置，并且不再位于任何其他位置。

从某种意义上说，这也是一种非局部效应：只要在一个位置对粒子进行测量，就会立即对所有其他位置产生影响。量子纠缠的非局部性是奇怪的，但双缝实验也并不寻常。唯一的不同点是，量子纠缠涉及两个或更多粒子的量子态。

无论你怎么看，量子理论中所有复杂的问题似乎都会被归结为一个问题：测量究竟是什么？为什么它能把量子粒子同时呈现的多种任意状态转化为单一明确的真理？整个量子理论都是围绕着这个奇怪的问题展开的。

第十章

薛定谔的猫

如何理解原子和猫之间的区别？

为什么"量子达尔文主义"只允许非常特殊的状态存在？

退相干如何确保现实的存在？

在测量过程中，微观世界与宏观世界相互接触。

埃尔温·薛定谔不太满意。他在1933年凭借薛定谔方程获得诺贝尔奖，这一量子理论公式行之有效，其计算结果与实验结果完全吻合。尽管如此，但薛定谔还是感到量子理论的精髓仍未被完全理解。

科学中有精确的理论，也有不那么精确的理论。有时，我们的目的并不是解释每一个细节，而只是勾勒出现实的大致轮廓。例如，我们会在气象学中使用"温度""压力"等术语，但我们无须用这些术语完整且精确地描述整个大气层。我们不需要分析单个空气粒子的运动，只需要对现实进行近似、模糊的描述即可。即便如此，我们也可以做出相当准确的天气预报。

量子理论则是一种高度精确的理论。它描述了宇宙的最小构件，并声称自己并不是一个近似值，而是一个能够精确解释粒子世界的规则。然而，量子理论不能告诉我们某次测量的结果会是什么——我们只能用它来计算概率。我们不得不接受量子理论中有些东西有点儿模糊的事实。

模糊不仅是理论的属性，而且是自然的属性。但两者有很大区别，正如埃尔温·薛定谔所强调的："这就好比一张模糊、失焦的照片与一张云雾缭绕的照片之间的区别。"在前者中，只有图像是模糊的；在后者中，现实本身就是模糊的。两者看起来很相似，但原因大相径庭。

现在的问题是：如果量子理论告诉我们，量子世界原则上是不可预测的，那么这种不可预测性是否只适用于这个微观世界？如果我们不得不接受现实在某种意义上是随机的、模糊的和雾里看花的，那么我们是否至少可以认为，这种模糊性仅限于量子世界，通常不会对西红柿、人或铁路机车等庞然大物产生作用？

这么说也不完全对。微观世界与宏观世界之间无法划出一条明确的分界线。微观上不可预知的巧合很容易变成宏观世界中不可预知的巧合。这正是著名的"薛定谔的猫"的思想实验所证明的。

盒子里的猫

想象一下，我们有一些放射性物质。只要拥有的量足够多，其中一个放射性原子核就有50%的可能性在接下来的一小时内衰变。我们还有一台辐射分析仪。当辐射分析仪记录到衰变时，就会触发一个装置，击碎一个装有氰化氢的小瓶。瓶子旁边就是薛定谔的猫。

现在，我们把包括猫在内的所有实验道具都装进一个金属盒子里，并将其严严实实地密封住。静置一小时后会发生什么？从量子物理学的角度来分析，盒子里会是什么样的？

放射性衰变是一个纯粹的随机事件。只要不测量原子核是否衰变，它就可能处于"完整"和"衰变"的叠加态。我们知道盒子里有原子核——一小时后，至少有一个放射性原子核有50%的概率发生衰变。因此，我们面对的是"没有原子衰变"和"至少有一个原子衰变"这两种可能性的叠加态。这两种可能性是相同的。但这也意味着辐射测量装置处于"未检测到任何放射性衰变"和"至少检测到一个放射性衰变"的叠加态吗？那么装有氰化氢的小瓶处于"保持完整"和"被击碎"的叠加态吗？进一步，薛定谔的猫处于"活着"和"死了"的叠加态吗？

量子理论认为：只有测量才能迫使叠加态决定其中一个可能的测

量结果。这是否意味着，在我们打开盒子之前，薛定谔的猫的生命实际上并没有被决定？在我们通过观察来测量猫的状态之前，它是既活着又死了吗？

这听起来很奇怪，也很疯狂。我们或许可以说服自己，电子能够同时存在于两个地方。我们甚至可以接受原子核可以同时处于完整和衰变的叠加态。但一只猫既活着又死了？这就有问题了。与电子和原子不同，猫是宏观世界中的事物，我们对它有着丰富的认知。我们的经验告诉我们，猫既有活着的，也有死了的，但没有哪只猫能同时处于这两种状态——我们的推理肯定出了问题。

维格纳的朋友

但还有更疯狂的故事。诺贝尔物理学奖得主尤金·维格纳（Eugene Wigner）延伸了"薛定谔的猫"的智力游戏，称其为"维格纳的朋友"：维格纳的一个朋友正在实验室里进行量子实验，比如薛定谔的猫的实验。我们假设这只猫真的处于"活着"与"死了"的叠加态，直到维格纳的朋友打开装猫的盒子，观察到它是死是活。

但维格纳站在实验室外，仍然不知道猫是死是活。但他可以打开实验室的门，走进去——然后他要么发现一个打开的盒子，里面有一个衰变的原子核、一只死猫和一个伤心的朋友；要么发现一个打开的盒子，里面没有衰变的原子核，但有一只活猫和一个松了一口气的朋友（因为从动物权利的角度来看，这个实验应该受到严厉的谴责，但幸运的是，实验最终取得了好结果）。

在维格纳打开实验室的门之前，实验结果已经明朗了吗？整个实验室是否处于"死猫—伤心的朋友"和"活猫—快乐的朋友"的叠加态？在这种情况下，是谁进行了测量？是谁迫使叠加态坍缩为两种可能性中的一种？究竟是维格纳的朋友，还是维格纳？难道两人都是？

尤金·维格纳认为，人类的意识在这里起着决定性的作用：原子或无灵魂的测量设备有可能处于两种不同可能性的叠加态，但只要有意识的观察者感知到结果，现实就因此被确定了。

但这不是一个令人满意的解决方案。首先，把导致确定现实的意识归于维格纳的朋友（或维格纳），而不归于薛定谔的猫，这是相当"猫咪不友好"的。猫和人有什么区别？在进化史上，什么时候出现了第一个能够坍缩量子态的有意识生物？我们又该如何想象意识出现之前的过去？原始海洋中的第一批三叶虫是否生活在一堆混乱的量子泡泡中，其中存在着混乱的叠加态，没有清晰的现实？当然不是。在这里，人类的意识被赋予了一种近乎神奇的意义，而这是没有任何物理论据可以证明的。

只要我们无法准确定义"意识",所谓"决定现实的意识论"就解释不了任何问题。就算意识真的能以某种方式转化为物理公式,那么为什么生物具有意识的属性会对量子粒子和量子态的坍缩产生影响?产生影响的为什么不是生物具有红色血液的属性呢?或者生物能够产生胃酸的属性?或者生物曾经被昆虫叮咬过的属性?没有人能够证明量子测量能够在生物没有被昆虫叮咬的情况下发生!但是,我们也没有丝毫理由相信这些奇怪的观点。

"测量"到底是什么?

所有这些问题都是由于我们还没有弄清"测量"的真正含义,以及测量过程中究竟发生了什么。测量是在辐射分析仪检测到放射性衰变的时候进行的,还是当瓶子的玻璃碎了,猫意识到出了问题的时候?或者是当人看到发生了什么事的时候?

为了解释清楚,让我们先尽可能简单地把实验中"烧脑"的复杂事件换成更直截了当的东西,比如用处于自旋向上和自旋向下叠加态的粒子,代替同时处于完整和衰变状态的放射性原子。

现在,我们将这个粒子送入斯特恩–格拉赫仪器,该仪器会使自旋向上的粒子向上偏转,使自旋向下的粒子向下偏转。粒子如果处于两种可能性的叠加态中,就会同时向上和向下偏转,其运动轨迹是"上层轨迹"

和"下层轨迹"的叠加。在最初的实验中，测量粒子的方法是让它们撞击玻璃板。每个粒子只能撞击玻璃板上的一点，不会同时撞击两点。这就是为什么波函数会在此刻坍缩——粒子必须做出决定，选择两条路径中的一条，也就是选择自旋向上和自旋向下两种自旋状态中的一种。

接下来，我们把粒子送入第二台斯特恩–格拉赫仪器，这台仪器旋转了180°——可以逆转第一台仪器的测量结果：使之前向上偏转的粒子向下偏转，使之前向下偏转的粒子向上偏转。这样，两束粒子就重新组合在一起了。我们也不知道某个粒子是向上偏转的还是向下偏转的，或者处于向上偏转和向下偏转的叠加态。

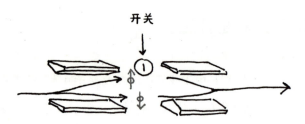

一前一后放置两台斯特恩–格拉赫仪器：自旋向上的粒子向上偏转，自旋向下的粒子向下偏转。处于自旋向上和自旋向下叠加态的粒子同时走两条路径。在两条路径的其中一条上放置一个开关，当粒子通过时，开关就会切换。

于是，我们创建了一个非常简单的叠加态。现在，我们要进行测量。物理学中最简单的测量装置是什么？一个原子。

假设我们有一个原子，当粒子靠近它时，它的状态会发生改变，比如原子的某个电子会改变自旋方向。我们不需要担心究竟发生了什么，我们只需把原子想象成一个微小的开关：它的初始状态我们称为"关闭"，当粒子飞过时，它就"打开"了。

现在，我们将这个原子开关与两台斯特恩–格拉赫仪器组装起来，让原子开关位于粒子可能经过的其中一条路径上。如果粒子经过了原子开关，它的状态就会随之改变。反之，如果粒子走了另一条路径，原子开关则完全不受影响，仍处于"关闭"状态。

我们只需分析原子开关，就能从中了解粒子的自旋情况。那么，这是否意味着原子开关是一个测量装置呢？仅仅因为我们把它放在了一条可能的路径上，粒子的状态就因此被测量到了吗？

其实不然。开关不一定要产生明确的结果。根据我们的实验，原子开关的状态和粒子的状态都是不确定的——这里根本没有什么是确定的。如果粒子处于自旋向上和自旋向下的叠加态，它就会同时走两条路径。这意味着原子开关既被切换又未被切换——处于打开和关闭的叠加态。但这并不是我们期望的测量设备。

在这里产生的是非常普通的量子纠缠：粒子和原子开关接触，它们之间的相互作用使它们处于量子纠缠的状态。原子开关变成一个存储器，粒子的状态转移到了这个存储器中。我们只要知道原子开关的状态，就知道粒子的状态，反之亦然。但两者的状态也可能同时是不确定的。

这种量子纠缠很有趣，但还算不上真正的开关。当我们开关某样东西时，我们希望得到一个清晰的结果。我们希望一个数字显示在电脑屏幕上，或者机械指针移动到某处，甚至只是一声响亮的哨声。

但一个原子不足以实现这一点。为了让我们能够谈论"测量"，原子开关必须传递它的状态。它必须将自己的状态传递给其他粒子，其他粒子再将自己的状态传递出去……如此循环，直到状态传递给足够多的粒子，从而产生宏观效应。这正是测量的意义所在。

例如，我们可以用激光束照射原子开关，这样我们就将它与激光束纠缠在一起。也许原子开关会发出一个光子，并击中一个光探测器。然后，被光子击中的光探测器的原子也与原子开关纠缠在一起。也许光探测器会产生一个信号，该信号会被电子元件放大。也许这将成为一个由许多电子形成的脉冲信号，最终点亮屏幕上的一个点。这个屏幕上的小点又发射出无数的光子，其中一些光子会到达我们的视网膜上。

你可以把测量看作信息的传播：我们感兴趣的量子态信息最初由一个粒子携带。但在测量过程中，粒子会与周围环境发生接触。通过许多微小的相互作用，粒子的量子态信息就会渗入周围的环境，就像一滴水渗入地下，使许多土壤颗粒变得潮湿一样。

这就逐渐形成了一个巨大的量子纠缠连锁反应，其中，信息从微小的粒子传递到宇宙的其他部分。粒子在微观世界中的状态变成了宏观世界中的状态。

量子达尔文主义

量子态信息向环境的渗透并不仅仅发生在粒子遇到测量设备的时候。只要粒子与空气分子或者包围我们的宇宙辐射光子发生碰撞，就能够发生量子态信息渗透。重要的是，粒子以某种方式与环境接触，自发形成量子纠缠，其量子态信息就会渗入环境。

但奇怪的事情发生了：在这样的过程中，环境不会对所有量子态一视同仁。有些量子态很容易转移到环境中，而有些则不那么容易。这很奇怪，因为根据量子物理学的基本定律，所有状态都应该是平等的。

　　　　　叠加态是一个见仁见智的问题，我们在第五章中已经知道了这一点。当我们提出"自旋向上还是自旋向下"的问题时，自旋向上的粒子确实处于确定的状态，但当我们提出"自旋向左还是自旋向右"的问题时，粒子却处于一种叠加态。

　　从粒子的角度来看，叠加态和明确的状态并无区别。对粒子来说，每种状态都是一样的。你可以将一种状态视为"正常"状态，将另一种状态视为"叠加"状态，反之亦然。

　　这与我们绘制地图的方法类似：我们可以将北和东这两个方向定义为两个"正常"方向，并根据这两个方向来调整地图的轴线。东北就是北和东的"叠加"方向。但这仍是惯例。我们也能在绘制地图时将东北和西北作为"正常"方向，这样北就成了"叠加"方向，由东北和西北组成。

　　这种情况同样适用于飞入双缝的粒子。对我们来说，似乎有两条"正常"路径——一条向左，另一条向右。我们把左和右的每一种组合都视为奇怪的路径，即奇异的叠加态。但这样想是很奇怪的。根据量子物理学的基本方程，这些都是被允许的量子态，它们会随着时间的推移以可预测的方式发生变化。它们之间没有本质上的区别。

　　你只要愿意，还可以将"1/2左减1/2右"和"1/2左加1/2右"视作"正常"状态。然后，你就可以把"粒子穿过左侧缝隙"的状态视为叠加态。因为左是"1/2左加1/2右"与"1/2左减1/2右"的和。诚然，这不是一个好的描述，但量子理论数学允许我们这样做。

只要我们谈论的是单个粒子，不同的量子态之间就没有本质区别。不存在"更真实""更自然"或"更普通"的量子态。但是，一旦粒子与环境接触，情况就会发生变化。粒子与环境之间的相互作用意味着突然出现了两种不同的量子态：一种是在相互作用中相对稳定的量子态，另一种是在与环境的相互作用中会被迅速破坏的量子态。

这有点儿像宠物，经过几个世纪的精心繁育，有些宠物可能已经有了一些奇怪的特征。除了体形仍然很像狼的牧羊犬之外，还有仅一个手提包大小的茶杯犬。我们甚至还可以在不同的动物之间创造"叠加态"，比如骡子，它是马和驴的杂交种，或者狮子和老虎的杂交种——狮虎兽。

动物们不在乎。它们都是完全健康、有生命力、心满意足的个体。在它们看来，最新繁育的成果与经过数百万年进化而来的动物之间并无区别。如果你对世界一无所知，你就无法分辨这些动物中哪些是不寻常的，哪些是"自然"的。只有当你接触了环境时，你才会意识到，有些动物会遇到很大的生存问题，有些动物能很好地与自然界互动，繁衍后代，并保持性状的长期稳定。

量子态信息渗透到环境中时也是如此。量子理论家沃伊切赫·祖雷克（Wojciech Zurek）为此创造了"量子达尔文主义"一词：现实世界存在许多可能的量子态，但它们与自然界的相互作用会产生一种"自然选择"，那些适应宏观环境的量子态会存活，而不适应宏观环境的状态则很快被摧毁。这是一个与自然界相互作用的过程，自然界决定了哪些量子态适合我们生活的世界，哪些不适合。

例如，在斯特恩–格拉赫仪器中进行自旋方向测量时的粒子。斯特恩–格拉赫仪器通过使粒子向特定的方向偏转，然后撞击玻璃板来测量粒子的自旋方向，它可以准确地识别两种宏观状态：一种状态是"这是一个自旋向上的粒子"，另一种状态是"这是一个自旋向下的粒子"。在第一种情况中，原子以迅雷不及掩耳之势弹到了玻璃板的上部区域，并将能量传递给了那里的无数粒子；在第二种情况中，相同的事发生在玻璃板的下部区域。这种宏观状态是由大量的粒子呈现的，而不只是一个粒子。

然而，自旋向上和自旋向下的叠加态在斯特恩–格拉赫仪器中没有宏观的对应物。因此，对这种叠加态来说，斯特恩–格拉赫仪器是一个相当恶劣的环境：如果这种叠加态接触斯特恩–格拉赫仪器，与环境的相互作用就会使它变得不稳定。相互作用会改变它——要么变成自旋向上态，要么变成自旋向下态。

叠加态必须向这两种"正常"状态中的一种倾斜，就像一张平衡立在桌面上的扑克牌，一旦受到微小振动或空气运动的作用，就必须向两个可能方向中的一个倾倒。这种倾斜，这种从组合状态中产生唯一性，就是量子物理学中的"测量"。

粒子如何定位？

沃伊切赫·祖雷克的量子达尔文主义还解释了为什么宇宙中的大多数事物都有一个相当精确的位置。相互作用对位置关系非常敏感：

根据所处的位置，粒子有时能更强烈地受到其他粒子的作用力，有时作用力则不那么强烈。在某些位置，粒子可能会被激光束击中或与其他粒子碰撞，在其他位置则不会。

如果量子态没有特定的位置，而是叠加了多个位置，那么在这种取决于位置的相互作用中，位置的叠加态就会变得非常不稳定。这样一来，粒子感受到的不是一种明确的力，而是不同位置上力的叠加——这些力会在极短时间，比如几分之一秒内，改变叠加态。量子达尔文主义不允许叠加态存活。

这就是在进行双缝实验时必须非常小心的原因：只有在防止粒子与环境发生破坏性相互作用的情况下，粒子才能同时穿过两条缝隙。因此，最好在真空室中进行实验，确保粒子不会在途中与其他粒子发生碰撞。

证明这一点的重要性，其实很简单：你可以先在真空室中进行双缝实验，观察到的波干涉条纹和正常的一样，这证明我们的粒子同时穿过了两条缝隙。接下来，非常缓慢地让越来越多的空气流进真空室，情况就会发生变化。粒子与空气分子碰撞的频率越来越高，这种相互作用决定了粒子的位置，有关它的信息就会渗入环境中。

可以说，真空室中的空气越来越精确地"知道"粒子穿过了哪条缝隙。然而，这也意味着波形会越来越弱：暗区将变亮，亮区将变暗。到了一定程度，波的干涉模式被摧毁，我们看不到任何波的特性。在这种情况下，我们就不能说粒子同时穿过了两条缝隙，因为与环境的相互作用迫使它在途中选择了两条缝隙中的一条。

因此，与环境的相互作用决定了哪些物理概念是有意义的。相互作用往往取决于位置，这正是位置成为有用的物理量的根本原因。我们可以假设一个平行宇宙，在那里适用完全不同的自然法则，比如那里普遍存在不依赖于位置的相互作用。在这个平行宇宙中，"位置"或"距离"这样的术语是毫无意义的。粒子没有确定的位置；它们都处于叠加态，分布在很大的范围内。

然而，在我们的宇宙中，谈论粒子的位置或轨迹是非常有意义的。尽管任何叠加态都是被允许的，但粒子有一个特定的位置是更接近现实的情况。

粒子的能量也是与环境相互作用的重要属性。因此，粒子通常具有一定的能量，而不是同时具有几个不同的能量值。猫的生命力也是如此：一只猫是活着还是死了，会从根本上改变它与环境的相互作用。因此，活猫和死猫的叠加态是极不稳定的——它永远不会被测量到。

退相干：当波破碎时

但是，当量子态与环境接触时，它们究竟会发生什么变化呢？要想研究这个问题，我们需要回到粒子的波特性。是什么让量子态成为量子态？是它们以类似波的方式相互重叠的能力。这就是量子理论的核心：从根本上说，一切都是波，波可以相互加强，也可以相互抵消。

然而，要想观察到这一点，两个波之间必须存在稳定的、可预测的关系，比如水波。想象一下，水中放着一块有两个开口的隔板，水波从隔板的一边传到另一边。我们在水中观察两个波如何从两个开口中向我们涌来并相互重叠。有时是一个波峰到达我们这里，有时是一个波谷到达我们这里——水波的相位在不断变化。是否会形成漂亮、清晰可辨的图案，取决于两个波的相位之间是否存在可预测的联系。

例如，当一个波的波峰到达我们这里时，另一个波的波谷正好同时到达我们这里。如果两者保持这种节奏，且它们的相位差始终相同，那么两个波就会始终相互抵消，我们就不会观察到任何浪涌。我们还可以寻找一个到两个开口距离完全相同的点，它总是同时被两个波谷或两个波峰覆盖。在这种情况下，两个波浪相加，浪涌就会达到最大。

然而，这一切只有在波与波始终保持相同相位差的情况下才会起作用。这种情况被称为"相干"。如果波峰和波谷总是以可预测的节奏到达我们身边，我们就能观察到波的叠加现象。

但是，当与环境相互作用时会发生什么呢？例如，当有两个开口的隔板稍稍振动时，波浪会变成什么样？波会接触复杂的外部影响。也许一些波峰和一些波谷的移动速度会加快，另一些会减慢。两个连续波峰之间的距离有时会变大，有时会变小。此时，我们就不能肯定地说，这两个波总是相互加强或相互抵消了。波的相位变成了随机值，波不再以可预测的方式重叠，我们看到的不再是美丽的波形，而只是一团乱麻。

在量子粒子的双缝实验中，当粒子与环境发生相互作用时，也会发生同样的情况。双缝板也许会振动，并向粒子传递一点儿能量；也许因为附近有其他粒子，实验粒子会受到一点儿撞击；也许粒子吸收了光并因此改变了能量。在所有这些情况下，粒子波的波峰和波谷都可能发生偏移。相位变得随机，波不再具有连贯性。我们再也无法辨别出粒子的波特性。这种情况被称为"退相干"。

好在宏观世界里能达成一致

量子理论、叠加态、波动性和量子纠缠都是很好的工具——只要你用它来计算与世界隔绝的东西。只要量子粒子与其他一切完全隔离，我们就可以把它们视为独立的小宇宙，并且能够很容易地预测会发生什么。

当然，没有任何事物能与世界其他部分完全隔离。微观世界与宏观世界之间的任何接触都会不可避免地导致退相干，使得关于粒子量子态的信息渗入环境中。小事物的世界会与大事物的世界耦合，只剩那些能在宏观世界中找到对应的量子态。于是，叠加态变成了明确的结果，"两者兼而有之"变成了"非此即彼"。

这也清楚地说明了薛定谔的猫会发生什么：这只猫的状态并不是在我们知道它命运的那一刻才确定的，而是在更早之前就确定的。我们装在盒子里的放射性原子可以在一定时间内处于完整和衰变的叠加态，但这种叠加态在它第一次接触到大型物体（比如检测放射性衰变的测量装置）时就会被摧毁。

这时，关于原子状态的量子信息已经进入宏观世界——不仅与盒子里的世界相互作用，而且与世界的其他部分相互作用。小瓶破裂时，会产生振动，即使装有最好的阻尼，也无法完全屏蔽振动。如果盒子里的猫死了，不再产生热量，这会改变盒子向宇宙其他地方发出的热辐射。我们是否打开盒子（或者尤金·维格纳是否打开实验室的门），并不重要。

如果发生了退相干，量子态变成了经典态，粒子就是明确无误的。我们无法在不影响粒子的情况下测量其量子态，但我们可以测量宏观世界中的状态。这正是我们所知的生命得以存在的根本原因。

我们可以在不改变指针位置的情况下读取测量设备的数据，我们可以客观地确定一只猫是否活着，我们可以就一些要事达成一致。我们要感谢退相干，因为它让我们有一个可以达成共识的清晰的现实，这实在令人欣慰。

第十一章

量子哲学与量子神秘主义

为什么我们不应该争论量子理论的哲学解释？

为什么平行宇宙不能解决任何问题？

为什么量子理论常被误用为解释玄学的无稽之谈？

并非所有听起来科学的东西都有意义。

这句话中有一个错别字（字）。我是故意这样做的。但是，在我写下这句话之前，这个错别字到底会出现在哪里，完全是量子实验一个偶然的结果。它本可以是任何其他的错别字。这个错别字和其他可能出现的错别字一样吗？是不是只要没人注意到，句子中所有的字都可能以一种神秘的、量子模糊的方式写错？量子实验的结果到底有多真实？这个问题有意义吗？

这样的思考把我们带入一个终极话题，在这里，科学和胡说常常以不可思议的方式混在一起。这就是关于量子理论的哲学解释。这一切意味着什么？自从马克斯·普朗克于1900年在一张纸上写下第一个

h 以来,我们对这个世界多了哪些了解?我们现在知道宇宙是如何运转的吗?差不多吧。其实不然。但我们确实可以在比以往任何时候都高得多的水平上看到世界的神奇之处。

今天,我们知道可以从不同层面来看待世界,既有微观世界,也有宏观世界。在微观世界,量子粒子会产生概率波;在宏观世界,我们能在家中进行测量并获得明确的结果。

这是物理学的两个不同领域,适用不同的规则。在量子的世界,不同的可能状态组合也是一种状态;在庞然大物的世界,某些状态是不稳定的(比如一个物体同时在多个地方的状态),只有与环境相适应的特殊状态才是稳定的。

当然,这两个世界之间的界限不能太明确。并不存在一个神奇的临界尺寸,在这个尺寸上,一个物体会突然失去其量子特性,从而必须被算作宏观世界的一部分。从微观到宏观的转变是持续的:涉及的粒子越多,物体与环境的相互作用就越多,它就越快失去与自身或其他波叠加的波特性。

有一点是肯定的:当我们测量量子粒子的状态时,不可避免地会使粒子和世界的其他部分发生相互作用。在所有可能的状态中,粒子会向其中一种倾倒。我们可以精确地计算出它的概率,但哪种可能性会成为现实一定是偶然的结果。

这仍然给我们留下了一个问题:偶然性是如何产生的?自然界是如何决定哪种可能性成真,哪种消失的?测量的过程是如何创造出某种现实的?

　　量子理论的测量问题并没有真正的解决方案。量子达尔文主义和退相干向我们解释了为什么量子粒子与环境之间的相互作用必然产生确定的结果，以及为什么宏观世界不允许叠加态的存在。但我们仍然不知道如何解释，为什么在两个物理上概率完全相等的可能性中，一个成为现实，另一个则会消失。

多世界诠释：平行世界的泡泡机

　　想要解决这个问题，其实也很简单：我们可以否认问题的存在。我们可以干脆宣称，这种无法解释的对特定现实的固着并不存在。

　　这就是美国物理学家休·埃弗雷特（Hugh Everett）在20世纪50年代提出的"多世界诠释"。在埃弗雷特对量子物理学的解释中，自然界无须做出决定。每当在量子层面做出一个决定，每当量子叠加态坍缩成一种确定的状态，宇宙就会分裂成不同的平行宇宙，每一种可能性都变得同样真实。

　　如果我们测量一个光子是水平偏振的还是垂直偏振的，那么我们就通过测量行为创造出了两个平行的现实世界——一个测量结果为水平偏振的宇宙和一个测量结果为垂直偏振的宇宙。在这两个宇宙中，其他一切都完全相同。如果你拿测量结果打赌，那么肯定会出现一个你因为赌赢了而开心的宇宙。当然，还有一个你因为赌输了而恼火的宇宙。

　　这样，我们就不再需要量子随机性这个概念了。然而，这个想法

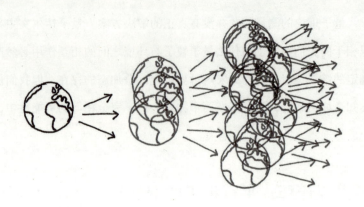

很快就把我们引向一个相当混乱的"平行宇宙群"：一些量子粒子不断地与环境接触，新的量子态不断地建立，根据这个理论，一定会有数量多得难以想象的宇宙不断形成。每一个新生的平行宇宙在下一刻又会分裂成更多的平行宇宙。无数平行现实分支就像泡泡机疯狂吐出泡泡一样咕噜噜地产生了。

从数学的角度来看，这个想法当然有其独到之处：在量子理论的传统方法中，我们用波函数来描述粒子，但波函数并不是现实的全部。现实中还有环境、测量设备和测量者，而这些都不包括在波函数中。波函数的坍缩是由于波函数只描述了世界的一小部分。

可以说，多世界诠释扭转了局面：整个宇宙服从一个单一的（尽管复杂得难以想象的）多粒子波方程。这个方程清楚地定义了由无数平行现实组成的多重泡泡宇宙。然而，没有测量者能够借助这个波方程从外部描述这个多重宇宙——因为不可能有"外部"。

在这里，测量者不再是会与小粒子的波函数发生相互作用的庞然大物。相反，他只是宇宙波函数的一小部分。每个测量者都不可避免地属于多元宇宙，并因此参与了"泡泡"生成的过程。然而，他们只生活在不断分裂的多元宇宙中一个非常特殊的分支中，所有其他分支对他们来说是绝对无法测量的。根据多重世界理论，这正是我们在每次量子测量中都会遇到不可预知的巧合的原因：这并不是因为我们有多大。恰恰相反，这是因为我们只是现实的一小部分，没有人能够预知下一刻我们会在众多平行宇宙中的哪一个中现身。

因此，我们每个人都有数量惊人的分身，存在于数量惊人的宇宙中。在某一个宇宙中，可能有一个我们的分身连续中了好几次彩票。在某一个宇宙中，我们的脚趾上有一个烧伤水疱，因为在某种疯狂的巧合下房间里的热能全都集中到了那里。也许在某一个宇宙中，我们左耳被一颗坠落的小陨石击中。每一个巧合，无论多么不可能，都会在某一个平行宇宙中成为现实。

然而，在绝大多数的平行宇宙中，我们甚至不存在。如果宇宙诞生后，在粒子疯狂涌动的过程中，一些量子做出截然不同的随机决定，星系、恒星和行星就可能以不同的方式形成，地球也许不会出现。在这一平行宇宙中，可能会有一个星球，它由可爱的毛茸茸的深蓝色动物统治着，它们长着紫色的大眼睛和威武的大翅膀。每一个物理上可能发生的历史进程，在多样的泡泡宇宙的某个分支中都是真实的，就像我们和我们周围的世界一样真实。

这一观点不容反驳。多世界诠释是否真实，原则上无法通过实验来确定，因为一旦有新的宇宙从我们的宇宙中分裂出来，我们就不再与这个现实分支有任何关系。我们无法与平行宇宙取得联系或交换信息。它的存在无法证实。那么，相信这种理论有意义吗？

奥卡姆剃刀：不要自寻烦恼

如果两种不同的理论做出了完全相同的预测，但任何实验都无法告诉你哪一种更好，你就应该选择更简单的理论。这是科学理论的一个重要基本原则，被称为"奥卡姆剃刀"：一个好的理论应该在尽可能少的基本假设下，具有尽可能大的解释力。

严格来说，如果我把一块奶酪放在冰箱里，我就无法证明关上冰箱门后它还在冰箱里。我可以提出一种理论：冰箱里的奶酪总是在没人注意的时候自发地变成李子布丁。只有当我打开冰箱看的时候，李子布丁才会变回奶酪。

这两种理论都能正确地预测我一打开冰箱就会看到奶酪。然而，应该没有人会赞成李子布丁理论，因为它太过复杂。它迫使我们假设一个额外的自然规律，即未被观察到的奶酪会自发形成李子布丁。然而，它没有为我们提供任何额外的预测或解释。这种理论不会带来任何进步。

根据"奥卡姆剃刀"，如何评价多世界诠释呢？就尽可能简单的要求而言，一方面，多世界诠释是一个复杂得可怕的理论。毕竟，它预设了一个几乎无限的平行宇宙群，而这些平行宇宙是永远无法测量到的。另一方面，该理论的逻辑是非常简单的。严格说来，平行宇宙不是额外的假设，只是为了消除另一个假设的结果，即从各种可能性中选择某种现实。我们省去了为量子测量问题寻找解释的麻烦，但作为"回报"，我们也接受了一个难以驾驭的多元宇宙概念。是以小搏大还是得不偿失，每个人都可以做出判断。多世界诠释是否有意义无法用科学来回答。

我们甚至可以提出更激进的多世界诠释版本：也许存在着具有不同自然法则的平行宇宙？也许电子质量、光速或重力加速度等自然常数都是偶然的，在其他平行宇宙中，它们的数值完全不同？如果是这样，我们就不应该对电子和质子所带的电荷恰好让原子处于电中性感到惊讶了。在其他宇宙中情况可能会不同，但我们并不在那里。

这样一来，大多数平行宇宙将存在一堆相当无聊的奇怪物体，它们遵守奇怪的规则，不产生任何有趣的结构。这样的平行宇宙应该也是存在的：每个星系的恒星都是随机排列的，它们组成了一幅阿尔伯特·爱因斯坦的肖像；也许存在一个每颗星球上都住着粉红色大象的平行宇宙；或者有一个平行宇宙中只有红色的橡胶靴子，它们孤独地

飘浮在虚空中，每隔几十亿年就会相互碰撞一次。

如果一种理论认为每一种可能性都同样真实，它既说明了很多问题，又什么都没说清楚。这有点儿像在一张纸上把所有能想到的物体都画下来，一个物体叠着一个物体，最后纸上毫无例外地只有一团黑色。你能同时看到一切，又什么都看不到。理论不仅要告诉我们什么是事实，还要告诉我们什么不是事实，否则它就毫无意义。在这方面，多世界诠释并没有什么帮助。

我们生活在一个非常具体的现实世界。我们不是无数个平行宇宙中无数个分身的总和，而是嵌在一个非常具体的宇宙中的个体。所有其他平行宇宙，无论它们存在与否，对我们来说都无关紧要，就像圣诞老人的电费账单或卢克·天行者（Luke Skywalker）的曾祖母最喜欢吃的菜对我们毫无意义一样。

闭嘴，计算！

你如果不喜欢量子的随机解释，也拒绝接受多世界诠释，当然可以想出更复杂的解释。也许量子测量的结果其实不是巧合？也许量子测量的结果已经以某种我们未知的方式储存在大自然中，只是我们无法获取这些信息？

那我们就回到了"隐藏变量"这个问题上，而我们在第八章中考虑过这个问题。存在隐藏变量的简单理论是不成立的，我们用贝尔不等式证明了这一点。虽然可能更奇特、更复杂的隐藏变量的理论无法被推翻，但它对我们毫无用处。从某种意义上说，它们制造的问题和它们解决的问题一样多。

历史上最著名和最重要的隐藏变量模型也许就是所谓"德布罗意–玻姆理论"。它以路易斯·德布罗意和戴维·玻姆（David Bohm）的名字命名，或被称为"玻姆量子力学"。从某种意义上说，这一理论结合了量子力学波函数的基本概念和粒子沿特定路径运动的经典概念。

在玻姆量子力学中，两者都存在：粒子在任何时候都有一个非常明确的位置，但它的运动是由"导航波"引导的，这有点儿像橡皮鸭在浴缸里被水波推动一样。

这样，我们就重新获得了经典的粒子图景，但我们不得不面对这样的事实，即我们还必须计算"导航波"，而这种波是想象出来的。为此，我们需要薛定谔方程——就像量子理论的传统表述一样。

导航波如何运动取决于所有的相关粒子。因此，粒子之间通过导航波以非局部的方式联系在一起，这根本谈不上量子理论的简化。玻姆量子力学在数学上同样复杂，它提供了完全相同的预言，但在概念上比普通的量子理论更混乱。它从来都无法自圆其说。

你可以就如何解释量子理论展开有趣的哲学讨论，但你永远无法得出一个明确的结论。薛定谔的波函数是真实的吗？或者它仅仅是对现实的描述？宇宙就是一种数学结构吗？也许数学结构只是描述宇宙的工具？我们计算粒子的状态时，是在描述粒子本身，还是在描述我们与粒子的关系，即我们能知道粒子的什么？也许量子的特性是相对的，取决于测量者，就像相对论中时长和长度是相对的，一切都取决于测量者？

这些问题很有趣。思考这些问题是个不错的消遣。但科学不是。科学的目的是寻找可验证的事实。然而，我们无法衡量量子理论的哪种解释更好、更简单或更优美。如果不同的解释只是在我们原则上无法观察到的方面存在差异，就没有必要争论哪一种解释更好。

在面向实践的研究中，关于量子理论不同解释的讨论不起任何作用。也许人们会在喝咖啡休息时聊一聊这些话题，然后回到工作岗位，在实验室里调整他们的量子测量设备。但在解决非常具体的科学问题时，你是否相信平行宇宙、非局部玻色导航波或客观的波坍缩并不重要。

我们现在知道了需要应用哪些规则，才能以有用、正确的方式描述量子世界。这就足够了。我们不需要更多了，也无须分析如何解释这些规则。你可以使用冰箱，但无须讨论"冷"这个概念是否存在，它是否仅仅代表没有热量。如果你喜欢，欢迎你去思考这个问题，但对所有实际决策来说，这都无关紧要。

因此，物理学家大卫·默明（David Mermin）总结了一句名言："闭嘴，计算！"（Shut up and calculate!）它的意思是，不要担心无法验证的解释，而要提供解决实际问题的具体结果！如果你喜欢对原理进行哲学上的讨论，这可能会让你感到遗憾。不过，这也是可以理解的。毕竟，量子物理学领域还有很多研究要做，为什么要把时间花在那些无论如何都无法得到明确答案的形而上学的问题上呢？

量子神秘主义和量子医学

近年来，量子物理学出人意料地流行起来。即使是对科学不感兴趣的人也知道这个术语。在某种程度上，量子理论是科学理论中的大熊猫：它很可爱，很讨人喜欢，但大多数人都不了解它。当其他科学领域被认为是技术官僚、过时僵化时，量子物理学却被一种充满活力、温暖和神秘主义的明亮光环所包围。

不幸的是，这正是量子理论特别适合为神秘主义牟取暴利的原因。没有人会用流体力学指导如何让精神生命能量流经自己。没有人会用建筑静力学来寻求生活的稳定性。但量子物理学几乎无所不能：有些人坚信，他们用量子理论证明了死后的生命。你可以用"量子风水"来布置家居，还可以购买"量子能量石"。据说它能抵消电磁波伤害，还能屏蔽中微子，防止心脏病和睡眠障碍。

尤其在所谓"替代医学"中，你会出乎意料地经常遇到量子物理

学的术语。例如，在"生物共振"中，有人被要求同时接触两个电极，以测量皮肤的电阻。虽然没有任何科学证据表明这种方法可以治疗疾病，但关于"量子振动"或"频率"的说法听起来还是相当科学和严肃的。

你可以接受量子光设备的照射，可以利用磁场为身体提供合适的量子信息，甚至可以用神秘的、尚未被发现的量子粒子（如快子）来治疗。如果真的存在这种粒子，它们很可能会为发现者赢得一个诺贝尔奖。但这并不是量子疗法的目的，这些术语只是用来迷惑顾客的。

然而，有时所谓"量子医学"完全没有令人敬畏的幻想技术。通常，治疗工作只是以一种非常不显眼的方式，通过温柔的触摸来完成。这既与量子无关，也与医学无关——只是各个时代的精神信仰治疗师所熟知的"治愈之手"的现代版本。

量子物理不是许愿瓶

不只是信仰治疗师，就连生活咨询师和心理教练现在也喜欢引用量子理论：你可以向宇宙下"订单"，就像邮购一样。你想要更多的钱、更幸福的关系，或者治愈慢性病吗？没问题！只要你足够积极，好东西就会自己出现——在量子物理学的帮助下！

这背后又是众所周知的对"观察者效应"的误解。量子物理学认为，测量会改变量子态。因此，有观点认为，测量者通过其有意识的决定干预了物理学——意识可以影响物质——我们可以用思想随意操纵世界！

　　这几乎是一连串合乎逻辑的推理，但事实绝非如此。其中的每一个推理步骤都是错误的。测量者无法通过意识干预量子粒子的状态，意识在量子测量中不起任何作用。此外，量子测量的结果永远无法控制，它是一种完全不受影响、无法预测的巧合。当然，我们也不可能仅凭意念就以任何方式创造出新的现实。

　　这种说法不仅在生理上站不住脚，在道德上也完全不可接受。毕竟，你如果能通过积极思考的力量许下一切美好的愿望，就不必再为那些身体不好的人感到遗憾了：任何生病的人都只是在精神上没有充分适应健康的量子振动！如果你身无分文，那是因为你没有与宇宙中的成功能量充分同步！如果你天生身体残疾，那可能是你的前世在量子物理学层面选择了残疾！

新纪元与科学

　　这些论点揭示了量子神秘主义根深蒂固的逻辑问题：它只会借助类比，而不会用真正的逻辑结论。联系只是被宣称，却从未被证实：量子物理学令人困惑和奇怪，人类意识也令人困惑和奇怪，因此这两者一定有联系。量子的纠缠粒子之间的关系很奇怪，我也觉得我和其他人的关系很奇怪，所以量子纠缠可以让所有人都爱上我。我的脑电波有一定的频率，宇宙中所有的粒子都有一定的频率，因此我可以用积极的想法改变整个宇宙！

从逻辑的角度来看，这种说法就像"火星是红色的，所以地球上的战争都是火星带来的"一样毫无道理。这只是一种类比，而不是解释。你找到了一个能够连接的元素，然后就简单地认为两者之间有必然的联系，却不搭建任何逻辑的桥梁。然而，科学不能依赖于类比，而要依赖于清晰的、合乎逻辑的理由。你在量子神秘主义中寻找这些理由是徒劳的。

然而，通过识别表面上的相似性将量子物理学与神秘主义联系起来并不是一个新现象。20世纪七八十年代，在新纪元运动[1]的鼎盛时期，这种观点就已经流行开来。当时，关于泛灵论、替代疗法和即将到来的水瓶宫时代[2]的理论五彩缤纷，量子物理学似乎是一个受欢迎的盟友——尽管它在当时既不是新的也不具有革命性，而是几十年来物理学既定世界观的一部分。

弗里乔夫·卡普拉（Fritjof Capra）是量子神秘主义的超级明星。他曾在维也纳大学攻读物理学，后来开始国际研究生涯。然而，他并不是因为对粒子物理学的贡献而成名，而是因为《物理学之道》（*The Tao of Physics*）等畅销书而出名。在这些书中，他试图证明道教与量子理论之间的深刻联系。

英国生物学家鲁珀特·谢尔德雷克（Rupert Sheldrake）提出了关于"形态发生场"的观点。据说，这种"场"以一种神秘的方式将我们联系在一起，并赋予我们"超感能力"。谢尔德雷克无法解释"场"是什

1　发端于19世纪末的西方社会与宗教运动。——编者

2　古代玛雅人预言的新纪元。——编者

么，它是如何工作的，也无法从逻辑上解释它，但他提到了量子物理学。他曾在印度学习超验冥想，之后他试图将东方哲学融入西方科学。

必须承认，鲁珀特·谢尔德雷克至少尝试过以科学的方式研究自己的理论，尽管收效甚微。他的实验想证明宠物能以超自然的方式预测人类主人的到来，但这项实验并不令人信服，也从未得到科学界的认可。

即使是那些取得了非凡科学成就的严肃物理学家，也难免会在某些时候误入量子神秘主义的方向。例如，德国核物理学家汉斯-彼得·杜尔（Hans-Peter Dürr）就以其相当深奥的言论闻名。他说：根本不存在物质，我们的生命被一个更大的"异界"所涵盖，我们的"精神量子场"在死后依然存在。英国物理学家布赖恩·约瑟夫森（Brian Josephson）在攻读博士学位时发现了一种量子效应，并因此获得诺贝尔物理学奖。然而，后来他的科学成就并没有引起人们的注意，反而是他对超自然现象、心灵遥感、心灵感应和超心理学发表的令人不安的言论让他成了"明星"。

科学可以是奇怪的，但不会是错误的

即使是出自诺贝尔奖得主的想法，也难以得到科学界的普遍认可。关于量子神秘主义和超自然现象的图书经常在畅销书排行榜上占据重要位置，但从科学的角度来看，这些理论显然是不严肃的。它们的论点过于含糊，寻找真凭实据的努力简直是白费力气。

　　量子哲学与量子神秘主义之间的明显区别在于：尽管对量子物理学进行哲学解释的著作在现代研究中是一个小众话题，但它们在科学界得到了理性的讨论，也被刊登在专业的期刊上。但量子神秘主义的理论在物理研究中总是遭到拒绝。

　　如果这些理论是真的，它们有两种不同的途径获得科学认可：首先，通过实验证明，确实存在一些科学无法解释的神秘效应（比如思维转移）或者可验证的神奇疗效；其次，尝试用数学方法证明任何超自然效应都来自量子理论。这两种方法都会立即引起全世界的关注，但这两种方法至今没有成功过。

　　量子物理学扮演着奇怪的双重角色：一方面，它是我们机械化世界的基础，让我们对最基本的自然规律有了全新的认识；另一方面，它被滥用为推销前科学[1]时代观点的论据。量子物理学是现代科学的基础，同时也是现代人敌视科学的基础。

　　然而，支持"粒子也是波""原子核可以同时处于衰变和完整的状态"的理论能在奇怪的双重角色中存活下来。归根结底，这并不在于一个理论是否做了坏事，而在于它能为我们做什么。这一点非常重要。

1　指科学出现以前的知识。——编者

第十二章

量子有什么用?

量子物理学如何决定我们的生活?

为什么量子计算机也许没那么重要?

为什么说一个量子巧合创造了我们的银河系?

尽管我们今天知道了很多,但在量子研究上仍有很多工作要做。

物理学已经不会有什么新发现了。19世纪末,当马克斯·普朗克向慕尼黑物理学教授菲利普·冯·约利(Philipp von Jolly)询问他所学专业的未来前景时,他得到了这样一个令人沮丧的答案。冯·约利强烈建议他不要学习物理学:总的来说,物理学已经达到了最终的稳定形态。也许"这里或那里仍留有一点儿灰尘或气泡需要检查或归类",但预计不会再出现重大革命了。

幸运的是,马克斯·普朗克并没有因此而气馁——他坚持研究物理学,并成为下一次伟大科学革命最重要的先驱之一。

冯·约利对物理学的预测不仅仅是不准确的,甚至是一个彻头彻尾的错误。这就好比气象局预报了明天将阳光普照，人们却迎来了昏天黑地和倾盆大雨；或者你计划煮一锅番茄汤，却意外地制造出了火箭发动机。

我们很难找到足够激烈的词语来形容20世纪初物理学革命的力量，一切都被颠覆了。经典力学的世界观本来是有序而清晰的，然而，就在短短一代人之后，我们发现自己其实置身于量子力学的冒险国度，这里有波函数、电子自旋和不可预知的偶然性。量子理论让许多科学技术领域发生了翻天覆地的改变。这还没有结束——量子理论还彻底改变了我们的日常生活。

但是，量子理论对生活的影响很容易被我们忽视。我们都能意识到，电力颠覆了我们的生活，至少在停电的那一刻我们都意识到了这一点。然而，量子理论在某种程度上听起来仍然是抽象的、纯理论性的，也许在遥远的未来它会给我们带来一些科幻小说般的发明。事实上，这些发明已经出现很久了——从微型芯片到光伏技术，从医学影像到激光束，许多发明都有量子理论的参与。

激光：光子复制器

第一台激光器于1960年问世——这其实很奇怪，因为这项发明在更早的时候就已经出现了。人们早就掌握了关于如何制造激光的一切知识，只是当时并没有人想到要用它来制造量子光源。

激光背后的基本思想很简单：当原子中的电子从高能态变为低能

态时，它会发射特定波长的光子。这一过程完全是自发和随机的。然而，如果我们向原子发射一个特定波长的光子，原子受刺激后，也可以发射这种光子。这被称为"受激发射"，可以总结为：一个光子飞入，两个光子飞出。

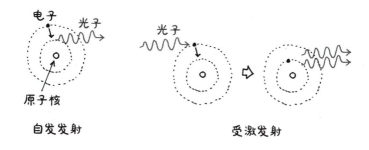

自发发射　　　　　　　　　受激发射

如果许多原子都处于高能态，就可以用这种方法制造"光子倍增器"：一个光子变成两个，两个变成四个，以此类推。光会越来越强，直到所有原子都释放出能量。

激光的光与蜡烛或灯泡发出的光完全不同：在激光束中，所有光子都处于完全相同的量子态，它们的波长完全相同，运动方向也完全

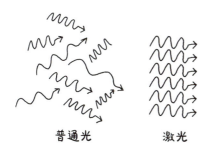

普通光　　　　激光

在激光器中，所有光子都以完全相同的频率振荡——这是激光器在双缝实验和其他量子实验中极为实用的原因：如果所有光子具有相同的量子态，那它们就可以相互叠加或抵消。这就产生了无数光子的波效应，用肉眼很容易识别。

一致，这就是激光束不易发散，能保持极佳聚光效果的原因。

尽管激光具有这些有趣的特点，但在1960年第一台激光器诞生时，还没有人能说出这种新型量子光的用途。激光最初被视为无用的技术——没有问题可以用它来解答。

后来，人们才逐渐认识到这项发明的巨大潜力：从电信、工业和医疗领域的数据传输，到大型活动中的激光表演，激光应用场景的多样性早已无法估量。激光可以用来熔化金属，也可以用来将原子冷却到接近绝对零度。激光还可以用来测距、进行眼科手术、分析大气层，或者只是用来逗猫。

从太阳能电池到计算机芯片

光伏技术也要归功于量子理论。太阳能电池中发生的现象与光电效应密切相关。1905年，爱因斯坦就是根据光电效应想到光是由单个光子组成的。当时，爱因斯坦考虑的是光从金属板上释放电子的情况，即所谓"外光电效应"。然而，还有一种"内光电效应"。在这种情况下，电子并没有从材料中被发射出来，而是在材料内部由于光的入射而变得活跃。电子从入射的光中获得必要的能量，从而在材料中移动并产生电流。

这说明量子理论对材料研究的重要性：最初，薛定谔的波函数被用来解释电子在简单原子中的行为。这使得解释电子在固体材料中的运动成为可能。这反过来又使得开发特殊的材料成为可能，这些材料能够产生非常特殊的量子物理效应。

光电效应只是其中一个例子，它使我们能够将日光转化为电能。电池、催化转换器和燃料电池也只有在量子层面被理解后才能得到改进。当然，量子材料研究对微电子学尤为重要：如果不了解量子物理定律，我们完全想象不到，用半导体材料制成纳米级晶体管。

量子计算机：亚特兰蒂斯的宝藏

尽管现代计算机芯片基于量子理论定律，但现代计算机的工作方式仍然非常经典：普通计算机使用比特（信息的最小单位）工作，比特的值可以是0或1。这很实用，因为它可以在技术层面上简化计算机的工作——只需判断有无电流或有无磁性。如果只有两种不同的可能性，你就不容易犯错误。你如果只有黑色和白色的袜子，就不必把堆积如山的袜子分成二十四种不同的灰色，给袜子分类就会更容易。

然而，利用量子物理定律，制造出一种工作方式截然不同的计算机也是可能的：量子计算机使用量子比特（量子位）工作。量子比特不仅可以取0或1的值，还可以取0和1的任何量子物理叠加值。

利用量子比特进行实验有多种方法。例如，可以使用离子，即带电的原子，将其置于电磁陷阱中；还可以使用超导量子比特，即一种有电流的微小电路。如何在技术层面上实现并不重要。其决定性因素是量子比特之间可以进行量子纠缠。

我们已经确定了这一点：如果两件事物是量子纠缠的，它们就会牢牢地联系在一起。这与经典物体（比如一对袜子）的联系方式有着本质的不同。因此，量子纠缠的量子比特之间的相互作用与机械计算器中的齿轮或电线中的电信号之间的相互作用有着本质的不同。正因如此，量子计算机给出的指令与经典计算机给出的计算指令完全不同。

然而，这并不意味着量子计算机可以创造奇迹。量子计算机不是神谕，而是与经典计算机一样的逻辑机器。能使用量子计算机计算的，原则上也能使用经典计算机计算。其区别在于速度：使用量子理论，某些计算任务的解决速度快得超出你的想象。例如，量子计算机可以用一眨眼的工夫将极大的数字分解为多个质因数。

但这并不容易：你需要尽可能多的量子比特，所有量子比特都必须同时纠缠、控制和操纵，而且不允许出错。这种情况下，退相干就是一个不可避免的大问题：我们使用的粒子越多，这些粒子就越容易与环境发生相互作用。量子比特会与宇宙的其他部分耦合，量子信息就会像汤一样从满是洞的锅里流出去，最后量子计算机只会随机提供一些毫无意义的信息。相互纠缠的量子比特越多，退相干就越容易毁掉一切。

因此，量子计算机必须尽可能地远离环境。任何振动、光线都可能破坏量子计算。这个问题很复杂。即使有可能以可控的方式将数千甚至数百万个量子比特相互纠缠在一起，其可取之处仍然值得怀疑：首先，我们要面对的可能是一个需要巨大冷却系统和复杂读写单元的庞大设备；其次，我们完全不清楚这样一台量子计算机是否真的能够完成日常任务，或许它也只会成为一台昂贵的科学实验设备。

量子计算机常常被视为对未来的美好愿景："我们为什么要为量子研究投入资金？因为总有一天我们会拥有量子计算机！这将解决我们所有的问题！"量子计算机就像是技术领域的亚特兰蒂斯或埃尔多拉多，据说那里有数不尽的黄金和宝藏——这是一个美好的故事，但未必是认真研究的最佳理由。

如果我们能在技术上成功控制量子比特和量子纠缠，那将是一件好事。然而，这项研究工作的真正好处很可能根本不在于量子计算，而是完全不同的应用，甚至可能是更有趣、更有利可图、更实用的应用。

量子测量

例如，量子物理学方法可用于进行极其精确的测量。这方面的研究领域就是量子计量学。关于量子理论的高精度测量的最著名例子可能是原子钟。

时钟都需要一个钟摆。例如，有一个以尽可能精确的规律来回摆动的钟摆。我只要数摆动的次数，就知道时间过去了多久。但是，我们不可能制造出完美的钟摆，没有两个钟摆是完全相同的，并且总有许多干扰会影响我们的计时。

然而，原子钟基于量子物理学——对光子的振荡周期进行分析。这些光子是由处于非常特殊量子态的原子发射的。原子钟的最大优点是，时间只由自然规律决定，没有技术误差。

　　量子计量学的应用不仅仅是测量时间。量子波和量子叠加也可用于测量许多其他的量，如微小的长度变化、微小的力的变化，以及微小的磁场变化。

　　你还可以利用量子物理学极其精确地分析液体或气体样本的化学成分：不同的原子和分子可以吸收不同波长的光。因此，你可以选择波长与你要寻找的物质完全匹配的激光，用它照射样品，比如一个盛有未知物质的容器。如果容器中含有你要寻找的微量物质，部分激光就会被吸收；如果没有，整束激光就将毫无损失地穿过样品。光的量子特性能够告诉我们，我们面对的是哪些物质。

　　如果你使用的不是激光，而是自然光，情况就会变得复杂，但量子物理学原理依旧可以起作用。日光与激光不同，它能产生由许多不同波长组成的宽光谱。我们可以将日光分解成不同波长的光——将白色的日光分成彩虹色的光，并分析其中的颜色以及颜色的强度。这就是光谱学的基本原理，即研究光谱。

　　人们注意到，日光中缺少某些波长的光。这是因为来自太阳内部

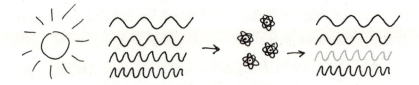

太阳发出许多不同波长的光。当这些光线照射到某些原子上时，特定波长的光会衰减，而其他波长的光线则不受影响。

的光在到达地球之前必须先穿过太阳的外层。因为太阳外层有非常特殊的原子类型，所以那里会过滤掉一些特殊波长的光。只要知道哪些波长的光被漏掉了，就知道光在传播路径上接触到了哪些原子。

　　除了日光之外，我们还可以用一颗遥远恒星发出的光进行测量，比如测量一颗环绕未知恒星运行的行星的大气层：如果恒星发出的光束刚好穿透行星的大气层，我们就能知道其大气层的成分。例如，大气层中含有不稳定的气体，并且这些气体只可能在其不断生成的位置大量存在。这就意味着这颗行星上正在发生复杂的化学反应，我们可以猜测上面可能存在外星生物。

医学中的量子

　　在医学中，量子物理学在拍摄人体内部详细图像方面发挥着重要作用。磁共振成像利用了核自旋的特性：人体内到处都是水，每个水分子都有两个氢原子。普通氢原子具有最简单的原子核：仅有一个质子。而质子是一个自旋1/2粒子。

　　我们从斯特恩-格拉赫实验中已经知道，自旋的粒子可以受到磁场的影响。在核磁共振成像仪中，自旋的质子首先在极强的磁场中向某个方向偏转。然后，一个短暂的电磁脉冲会使这些粒子翻滚。在翻滚的过程中，粒子会产生电磁信号，我们就可以对其进行测量。电磁信号的强度和衰减速度取决于粒子所处的环境。这就是为什么不同的组织会产生不同的信号，计算机可以将这些信号转换为人体内部的详

细图像。

还有一种有用的技术是正电子发射断层显像。向患者注射放射性制剂，如含有氟–18原子的分子。氟–18是一种半衰期不到两个小时的放射性原子。它在衰变时，会产生一个正电子——电子的反粒子。这个正电子立即与一个电子碰撞，两者相互抵消，产生两个量子纠缠的光子，向相反的方向飞去。只要测量这两个光子，就可以计算出发生放射性衰变的位置。这样就可以分析放射性物质在体内的位置。例如，我们使用一种癌细胞摄取频率特别高的物质，就能够观察到癌细胞的位置。

不空的真空

自学科建立以来，量子物理学发生了翻天覆地的变化。很多我们日常使用的技术在某种程度上都得益于量子研究。量子理论不再是一个让科学家们摸黑探索的未知领域。与其他学科一样，它是一门科学，有着明确的规则、方法和工具。我们知道如何利用它们获得正确的结果。可以说，量子理论已经长大成人。

然而，这并不意味着量子理论已经终结。恰恰相反：解答的问题越多，出现的新问题就越多。其中许多问题甚至比量子早期研究时人们所能想象的更奇怪、更令人惊讶、更令人叹为观止。

从最简单的问题说起：如果什么都没有会怎样呢？经典物理学给出了一个相当无聊的答案：如果什么都没有，那就是虚无。如果你移除某一空间中所有的粒子，那么什么都不会留下。这种虚无被称为"真空"。一切到此为止，经典物理学对此再没有什么可说的了。

然而，在量子理论中，情况有所不同。在量子物理学中，完美的"虚无"是不存在的。为了分析这一点，我们要使用薛定谔波方程的延伸理论——量子场。它不仅可以用来计算粒子的行为，还可以用来解释粒子是如何被摧毁或新粒子是如何产生的，比如粒子在粒子加速器中的碰撞。

量子场告诉我们，真空不可能是完全均匀的。因为偶然性，某些地方的能量会在一瞬间比其他地方多一点儿。事实证明，空间总是处于粒子存在和不存在的闪烁叠加态。你可以把真空想象成由自发出现又自发消失的粒子组成的泡沫。

这听起来很奇怪，因为自然法则通常不允许任何东西自发地出现或消失。如果我的桌子上自发地出现了一个拳头大小的金块，那固然很好，但这违反了能量守恒定律。如果我的自行车突然不在了，我敢保证，绝对不会有人说，它是因为量子物理学而自发地消失了。

然而，在量子粒子的层面上，这样的事是可能发生的。成对的粒子可以自发地凭空产生，然后再立即相互湮没——原因在于不确定性原理。正如维尔纳·海森堡的不确定性原理使得我们无法同时测量粒子的确切位置和动量一样，能量和时间也无法同时测量。可以说，真空可以借用一点儿能量，但只能借用很短的时间。粒子可以自发地出现，但它们拥有的能量越多，消失得就越快。

这是无时无刻不在发生的事——不仅在真空中，而是无处不在。整个宇宙就是由一群昙花一现的虚拟粒子组成的，充满了一直闪烁的量子能量。这也被称为"真空波动"或"量子波动"。

但你要是认为这是纯理论就错了。这种"量子气泡"实际上可以测量到：如果将两块金属板平行放置在完全真空的环境中，它们会缓慢地相对移动。这仅仅是由于真空中在金属板周围自发形成了粒子。尽管这些粒子的寿命极短，但它们会对金属板产生压力。这就是卡西米尔效应。

在很短的距离内，量子波动还会导致原子或分子之间产生吸引力，即范德华力。甚至壁虎在光滑表面上攀爬的能力也与量子波动有关。

量子闪烁与宇宙

然而，我们只有在将目光投向太空时，才能认识到量子波动的真正意义。它将宇宙中最小的事物和宇宙中最大的事物连在一起：最小量子尺度上的粒子闪烁形成了宇宙中最大的结构。

宇宙诞生后，我们如今能测量到的所有物质都集中在一个很小的地方。然后发生了一些事，出现了宇宙膨胀阶段，其原因至今尚未明了。这个阶段只持续了几分之一秒，但彻底改变了刚出生的"宇宙宝宝"：之前它只是一个小点，比质子小得多。片刻之后，它膨胀到了一个橘子那么大。

这似乎没那么重要，因为即使按照人类的标准，橘子也算不上什么大物件。但是，这种突然膨胀的规模是巨大的，就好比一个原子在瞬间膨胀到一千个太阳系那么大。这种膨胀加剧了"宇宙宝宝"的量子波动。其中微小的量子不规则性突然变成了宏观尺度上的不规则性。

在宇宙膨胀阶段之后，宇宙继续膨胀，但不再是无规律地膨胀，而是以慢得多的速度持续膨胀。于是，橘子大小的宇宙的不规则性进一步扩大，最终导致宇宙中的物质不平均地分布在各处。质量较大和质量较小的区域得以形成：质量大的区域形成了星系、恒星和行星，而在它们之间则是广袤的宇宙虚空。宇宙的结构就是一连串最小的量子巧合。

然而，当宇宙中最小和最大的事物如此紧密地联系在一起时，我们就遇到了新问题——实际上，我们对小事物和大事物使用了完全不同的理论。在微观尺度上，量子理论告诉我们粒子之间的作用力是如何起作用的。然而，在天文学这样的大尺度上，万有引力通常才是具有决定性的力量。如今，对万有引力的最好解释就是爱因斯坦的广义相对论。

有许多人尝试将量子理论和相对论联系起来。在许多领域，这样做起了很好的效果。然而，这两种理论尚未实现完全统一。它们有着根本不同的结构：狭义相对论是一种经典理论，每个物体都在空间和时间中占据明确的位置，没有偶然性，没有不确定性，也没有量子跃迁。然而，在广义相对论中，空间和时间可以任意伸展和弯曲，它们本身就是"物理学话剧"中可变化的演员。但在量子理论中，空间和时间是静止的舞台，在这个舞台上，事物各行其是。

什么是"理解"？

有时，当我们想到还有这么多未知的事情时，可能会感到迷茫。但这样是不对的。因为我们今天已经知道很多不可思议的事情。我们甚至能够探究宇宙的底层法则，这简直就是奇迹。

从量子物理学的角度来看，人类和西红柿之间几乎没有任何显著的区别。从粒子的角度来看，两者都非常大，由相同的原子和非常相似的分子组成。然而，西红柿对量子物理学一无所知，我们人类却对后者了解颇深。

我们要感谢一系列量子现象：微小的粒子波动产生了星系、恒星和行星。量子物理定律使恒星以光子的形式释放出巨大的能量。这些光子在我们的星球上创造了温和的温度，使各种原子在原始海洋中按照量子物理定律聚集在一起形成分子。

在某个时刻，DNA分子以这种方式形成。这是一种绝佳的存储信息工具。遗传信息被一遍又一遍地复制，有时会出现错误，这常常是量子偶然性。但正是这些错误使生命进化成为可能，使复杂的生命得以发展。于是，我们人类在某一时刻出现了。

现在，我们就在这里，以一个由相当复杂的分子组成的奇怪集合体的形式存在。我们拥有中型结构——比质子大得多，但比星系小得多。我们的生活主要是与其他中型结构发生相互作用，比如与西红柿，与猫，或与其他人。进化使我们在这种中型的相互作用中达到了最佳状态。这也是我们思考所依据的尺度。

然而，我们的思想能超越这个尺度。我们可以思考比我们小得多的事物，也可以思考比我们大得多的事物，我们还能思考大得无法估量的事物。我们发明了数学，可以更精确地整理我们的思想，更好地相互交流。我们发明了测量仪器，我们可以用它来更好地探索自然规律，然后开发更好的仪器，进而发现更多的自然规律。我们通过技术的进步扩宽了自然的进化。

正因如此，我们现在可以思考量子叠加、量子随机性和量子纠缠。我们做到这一点并不是顺理成章的，因为从一开始，我们就不清楚量子粒子是否遵循我们的中型大脑所能理解的规则。它们有可能是极其复杂的规则，对我们就像积分方程对一群蜜蜂一样毫无用处。

因此，我们不应该抱怨量子理论难以理解。量子理论当然会让我们感到陌生和困惑——怎么可能不是这样呢？我们的脑袋不是为量子理论而生的，当然很难把量子理论塞满我们的脑袋。我们不应该对此感到惊讶。奇妙之处不在于我们有时难以理解量子理论，而在于以我们有限的思维，我们竟然能够探索和利用小粒子定律。

当我们谈论如何理解量子理论时，我们想说什么？这里的"理解"

是什么意思?

　　量子理论不像电话号码或出生日期那样简单记忆,它更像学习一门新语言。你可以把有些词语翻译成日常用语,但有些词语对你来说是全新的,它们描述的东西在你熟悉的文化里根本不存在。仅仅用熟悉的东西来解释这些新词语,是无法让你"理解"它们的。你必须接受它们,习惯它们。只有这样,你才会逐渐了解这些术语在哪些情况下是有用的。然后到了某个时候,你就可以说:"我理解它了!"

　　宇宙并不复杂——这是件好事。我们只需要习惯自然界的许多基本规则,直到它们对我们来说几乎是不言而喻的。如果有人在某一时刻觉得自己理解量子物理学,同时又不理解它,他就理解了量子物理学。

名词表

这不是一本大而全的量子物理学词典。

但当你在书中看到某些名词时，这些注释可能会对你有帮助。

α 粒子： 两个质子和两个中子的组合。氦原子核就是一种 α 粒子。某些放射性原子核很大，由更多的质子和中子组成，它们有时也会吐出 α 粒子。这就是所谓"α 衰变"。

贝尔不等式： 约翰·斯图尔特·贝尔发表的不等式。如果局部现实主义是正确的，那么这个不等式必须始终适用于对粒子的测量结果。换句话说，如果即便是在无人测量的情况下，粒子也具有确定的状态，并且一个物体最快只能以光速影响另一个物体，多次测量的结果必定符合贝尔不等式。然而实验结果不符合贝尔不等式。因此，局部现实主义不可能是正确的。而量子理论可以解释这种情况，它超越了局部现实主义。因此，贝尔不等式的不成立证明，量子理论不是对事物不必要的复杂化，而是人们切实需要的一种奇特理论，用来解释世界。

波： 一种可以传播的振荡。

波长： 两个波峰或两个波谷之间的距离。至少对有规律的周期性波而言，波长是相同的。波长越短，能量就越高；波长越长，能量就越低。

波的特性： 每一种波都有一定的特性，如波长和频率。

玻尔原子模型： 根据尼尔斯·玻尔提出的原子模型，原子可以被想象成一个微型太阳系——原子核位于中心，由电子环绕。由于电子具有波的性质，因此只有特定的电子轨道才能存在，两条电子轨道之间不可能存在第三条轨道。但这只是一幅非常简化的图景。实际上，电子会以波浪形电子云的形式围绕着原子核。然而，尼尔斯·玻尔用这个简化模型解释了为什么原子中的电子只能呈现特定的能量状态。换句话说，为什么原子中电子的能量是量子化的。

波函数： 对粒子波的数学描述。正如"x的正弦"函数为每个x赋值一样，波函数也为每个点赋值，尽管也可能出现复数i（-1的平方根）。仅凭波函数并不能说明什么。但是，我们如果计算波函数的平方并取其绝对值，就会得到一个实数。而这个实数就说明了粒子在这一点上的真实性，也就是在测量过程中探测到粒子正好在这一点上的概率有多高。

测量： 在测量过程中，被测量的东西（如量子粒子）会与大的东西（如测量设备）接触，之后会与测量设备所在的实验室接触，也许还会与读取数据的人接触。当你测量量子粒子时，它不可避免地会接触到宏观世界。在这种情况下，适用于宏观世界的规则突然对量子粒子起作用：在测量的那一刻及之后，它不能再处于叠加态。在测量之前，量子粒子可以同时处于多个不同的可测量状态。例如，它可以同时位于不同的地方，或者同时向不同的方向运动。然而，测量迫使粒子决定一个测量结果。它的状态被确定并因此改变。

电子： 带负电荷的基本粒子。由于电子的质量远小于质子、中子，甚至整个原子，因此电子的波长相对较长，研究电子的波特性相对容易。

叠加态： 量子理论最重要的原理之一。如果某物可以处于几种不同的状态，那么它也可以处于这些状态的混合状态。例如，如果一个粒子可以向右或向左飞，那么它也可以同时向右和向左飞。然而，我们无法测量到粒子处于这种叠加态。叠加态是一个见仁见智的问题，它取决于测量：一个粒子可以在一次特定的测量中处于一个明确的状态，但在另一次测量中，它可能处于叠加态。

反粒子： 具有与普通粒子相同的性质，但电荷相反。例如，带负电的电子的反粒子就是带正电的正电子。每个夸克都有一个反夸克。当一个粒子遇到它的反粒子时，它们就会相互湮没。

分子： 由几个原子结合在一起。分子的大小千差万别——从仅由两个氢原子组成的简单的氢分子，到由成千上万个原子组成的大分子。原则上，分子（基本上与万物一样）也可以用波来描述。例如，将氢分子射入双缝，也可以观察到干涉现象，甚至用由60个碳原子组成的大分子也可以产生干涉现象。然而，物体越大，波长就越短，就越难探测到其波特性。因此，对于大分子（或更大的物体），通常可以忽略其波特性。足球要么进了，要么没进。

干涉： 两个波相互重叠（或一个波自身重叠）。波的最大值和最小值（波峰和波谷）可以在某些点相互叠加，也可以相互抵消。这是所有波都具有的特性，但只有波才有。检票员不能与其他检票员在局部加强或相互抵消。因此，检票员不是波。

哥本哈根诠释： 对量子理论的一种诠释，认为偶然性是量子理论不可分割的一部分。量子实验结果不一定能被准确预测，有时只能计算出某些可能的测量结果的概率。这不是量子理论的缺陷，因为根据哥本哈根诠释，这是人们必须接受的量子的现实属性。光是电磁辐射，它以波的形式传播，但也具有粒子特性。有些人只将"光"一词用于可见光。换句话说，用它来描述人眼能够感知的电磁辐射。然而，从物理学的角度来看，"光"也可以用于波长极长或极短，以至于人眼无法捕捉到的电磁辐射，比如微波、X射线。

光子： 或称"光量子"，光的基本组成单位。光子没有质量，总是以光速运动，有波长和偏振方向。

核粒子： 或称"核子"，是组成原子核的粒子，包括质子和中子。

基本粒子： 物质的基本组成部分，即所有不能由更小的粒子组成的粒子。电子和光子是基本粒子。质子和中子不是，它们由夸克组成。原子和更大的物质当然也不是基本粒子。

角动量守恒： 当物体旋转时，它倾向于保持这种旋转。要想改变物体的旋转，就必须施加一个力（准确地说，是施加一个力矩，即作用在离旋转轴一定距离处的力）。在没有外力的情况下，物体将永远旋转。

夸克： 一种基本粒子。质子和中子由"上夸克"和"下夸克"

组成。

粒子： 物质的组成部分。你不必担心它的结构。物质的基本成分是基本粒子——但通常由几种基本粒子组成的东西也被称为“粒子”，例如质子、原子或更大的东西。每种粒子都具有波特性。“粒子”一词主要用于波特性不占重要地位，而粒子特性占突出地位的情况。不存在“半粒子”——粒子只能以整数出现。此外，人们通常认为粒子在任何时候都处于一个特定的位置。但仔细观察你就会发现这不完全正确，因为每个粒子都具有波特性。

粒子波： 或“波粒子”，用来说明物质双重性质的术语。每个粒子都是波，每个波都是（或由）粒子组成。

粒子物理学标准模型： 当今被广泛接受的基本粒子模型，包括不同的粒子以及它们之间的力效应。它取得了巨大的成功，能够极其精确地描述许多现象。然而，万有引力不在这一标准模型中。目前还无法以令人满意的方式将粒子物理学与万有引力联系起来。所以你还有机会获得一两个诺贝尔奖。

量子： 严格来说，量子是指某种事物的一部分。例如，光是以波的形式传播的，但它可以以波的一部分，即光子的形式出现。因此，光子就是光的量子。原子中的电子从高能态变为低能态时，就会发出光子。此时，它是能量的量子。

量子场： 经典量子力学的延伸。在量子场中，每一种粒子都被描述为一个“场”，它充满了我们的整个宇宙。这就好比你可以通过定义一个“温度场”来描述房间里的温度。这个“温度场”会给房间里的每一个位置分配特定的温度。你还可以通过定义一个"风场"来描述风。这个"风场"会给房间里的每一个位置分配特定的风力和风向。量子场还可用于计算粒子产生、被摧毁或相互转化的过程。

量子化：如果说一个物理量是量子化的，那么它只能被设置非常具体的值。例如，原子中电子的能量就是量子化的。电子的能量必须是具体值，介于两个相邻的具体值之间的值在物理上都不可能存在。

量子纠缠：如果两个或两个以上的粒子发生量子纠缠，这意味着我们可以准确地说出它们在一起时处于哪种状态。但这并不意味着每个粒子都因此具有明确的状态。例如，两个原子可以纠缠在一起，其中一个自旋向上，另一个自旋向下。这意味着，由两个原子组成的系统的自旋状态被精确无误地描述出来。然而，这两个原子都可能处于自旋向上和自旋向下的叠加态。了解整个系统并不需要确切地了解其各个组成部分。不过，这也意味着，如果测量系统里的一个粒子，另一个粒子的状态就会立即被确定。量子纠缠的粒子对在某种程度上是一个东西，即使两者处于完全不同的位置。

量子粒子：非术语，意在表达我们面对的是一种必须用量子理论规则来描述的粒子。与之相反的是，比如一粒碎屑，它也可以被称为"粒子"，但与量子理论无关。

量子态：粒子在某一时刻具有的全部特性。有些量子态是可以测量到的，比如粒子在测量后可以呈现的状态。粒子也可以处于这些可测量状态的组合（叠加态），这是不可测量到的。

量子物理学/量子理论/量子力学：我们不总能明确区分这些术

语。一般来说，量子物理学是物理学的一个领域，它涉及本书讨论的一切，包括波和粒子，以及量子化的量。从根本上说，物理学由理论和实验组成，因此量子物理学中有量子实验和量子理论（量子实验的理论基础）。量子力学和量子场有时有所区别：量子力学用于描述粒子的波浪行为，比如使用薛定谔方程，量子场描述的内容更为宽泛。

量子摇摆：我发明的词，旨在表达物质摇摆不定的特性。

猫：有生命的宏观物体，埃尔温·薛定谔对其进行了道德上应受到高度谴责的实验——好在只是思想实验。猫比原子重得多，因此波长极短。所以猫的干涉模式不可能在实验中呈现。原则上，猫遵循经典物理学。然而仔细观察就会发现，它们实际上根本不服从人类的规则。

偏振：光可以被看作是沿某个方向振荡的波。偏振的方向表示发生振荡的平面。需要反复强调的是，光也具有粒子特性。

普朗克常数：缩写为"h"。h是光子的能量和频率之比（$h=E/f$）。它是量子理论中最重要的自然常数之一，几乎出现在量子理论的所有重要公式中，通常以"$h/2\pi$"的形式出现。为简化，人们常用"$\hbar$"代替$h/2\pi$（$\hbar$被称为"约化普朗克常数"）。有时你听到的"普朗克常数"实际上指的不是h，而是$\hbar$。（即使是在物理学中，人们也不总是能准确地表达自己的意思。）$\hbar$出现在薛定谔方程中，粒子的自旋也是以$\hbar$为单位测量的。

微分方程：在学校里，我们就学习过包含变量的方程，例如$x+5=7$。我们可以解方程，然后得到x的数值。然而，还有一些方程的解不是一个数字，而是一个函数，比如 $\cos x$ 或 x^2。函数的运算不包括仅加减等简单的运算，还包括微分等复杂的运算。例如，$f'(x)=f(x)$ 是一个微分方程。在这里，$f'(x)$ 代表函数 f 根据变量 x 进行微分，其结果应该与函数 f 相等。（这个微分方程可以用简单的指数函数 e 对 x 的幂来求解）。薛定谔方程就是这样的微分方程，其结果就是波函数。

物质： 一切由粒子组成并具有质量的东西。光不被视为物质，因为光子没有质量。但是，电子、中子、质子以及由它们组成的一切都属于物质。

薛定谔方程： 一个微分方程，可用来描述粒子波。它告诉我们在某种情况下（在非常特殊的外力作用下，比如在原子核的作用下）可能出现哪些粒子波，以及这些粒子波是什么样的。它还告诉我们这种粒子波是如何随时间变化的：我们如果知道某一时刻的粒子波，就可以利用薛定谔方程准确地说出这种波在未来的发展。

隐藏变量： 量子理论的哥本哈根诠释说，实验结果只是偶然的，但我们如何确定这是对的呢？难道不是大自然以某种方式确定了实验结果，只是我们不知道它是在哪里以及如何确定的？这种隐藏但已经确定的变量被称为"隐藏变量"。然而，实验证明贝尔不等式不成立表明，要么这种隐藏变量不存在，要么它们是非常奇怪的。在某种意义上，它们造成的混乱甚至比它们解决的问题还要多。因此，"隐藏变量"的概念是没有用的。

元素： 某种类型的原子。其所属类型由质子数决定，比如如果有 6 个质子，它就是碳原子；如果有 7 个质子，它就是氮原子，诸如此类。

原子中也有中子。通常（至少在较小的原子中），中子的数量与质子相似：碳原子有6个中子，氮原子有7个中子。但是，如果一个原子有7个质子和8个中子（也存在这种情况），它仍然是一个氮原子。原子中还有电子。如果电子数与质子数完全一致，那么原子整体上就是电中性的。否则，原子整体带电，这种情况下，它被称为"离子"。

原子： 由原子核和电子结合在一起。根据原子核中质子的数量，原子可以被归为特定的化学元素。原子由各种基本粒子组成，这些基本粒子都可以被视为量子物理波。你还可以把整个原子看作量子物理波。这两种观点并不矛盾。

原子核： 由质子和中子组成。因此，它总是带正电。这就是它吸引并携带电子的原因。

质子： 带正电荷的核粒子，由3个夸克组成。

中子： 不带电荷的核粒子。

自旋： 粒子的固有角动量。人们常把它比喻成行星的自转，但这种比喻不一定对我们有帮助。重要的是，粒子的自旋是有方向的。如果测量一个自旋1/2粒子的自旋方向，只有两种可能的结果——自旋向上或自旋向下。不过，结果取决于测量装置的方向。一个在x轴方向上自旋向上的粒子，在y轴方向上处于叠加态。当我们在y轴或z轴方向上测量该粒子的自旋时，得到的结果具有偶然性。

参考文献

爱因斯坦的光量子假说
Einstein, A. (1905). Über einen die Erzeugung und Verwandlung des Lichtes betreffenden heuristischen Gesichtspunkt. *Annalen der Physik*, 322, 6.

溶解在酸中的诺贝尔奖奖章
A unique gold medal. NobelPrize.org. Nobel Prize Outreach (1998).
https://www.nobelprize.org/prizes/about/the-nobel-medals-and-the-medal-for-theprize-in-economic-sciences

路易斯·德布罗意关于波粒二象性的研究
de Broglie, L. (1970). The reinterpretation of wave mechanics. *Foundations of Physics*, 1, 5.

马克斯·普朗克对德布罗意观点的评价
Planck, M. Roos, H., Hermann, A. (Hg.) (2001). *Vorträge, Reden, Erinnerungen*. Springer.

马克斯·冯·劳厄的晶体实验
Friedrich W., Knipping P., Laue, M. (1913). Interferenzerscheinungen bei Röntgenstrahlen. *Annalen der Physik*, 346, 10.

电子的双缝实验
Frabboni, S. (2007). Young's double-slit interference experiment with electrons. *American Journal of Physics* 75, 1053.
Frabboni, S., Gazzadi, G.C., Pozzi, G. (2008). Nanofabrication and the realization of Feynman's two-slit experiment. *Applied Physics Letters*, 93, 073108.

双缝中的单个粒子
Tonomura, A. et al. (1989). Demonstration of single - electron buildup of an interference pattern. *American Journal of Physics*, 57, 117.

尼尔斯·玻尔对量子理论的评价
Heisenberg, W. (1969). *Der Teil und das Ganze*. R. Piper & Co.

马克斯·普朗克的辐射定律
Planck, M. (1900). Zur Theorie des Gesetzes der Energieverteilung im Normalspektrum. *Verhandlungen der Deutschen Physikalischen Gesellschaft*, 2, 17.

玻尔的原子模型
Bohr, N. (1923). Über die Anwendung der Quantentheorie auf den Atombau. *Zeitschrift für Physik*, 13, 117.

不确定性原理
Heisenberg, W. (1927). Über den anschaulichen Inhalt der quantentheoretischen Kinematik und Mechanik. *Zeitschrift für Physik*, 43, 3, 172.

海森堡关于矩阵力学的发现
Heisenberg, W. (1969). *Der Teil und das Ganze*. R. Piper & Co.

薛定谔关于矩阵微积分的研究
Rechenberg, H. (2010). *Werner Heisenberg – Die Sprache der Atome*. Springer.

薛定谔通向薛定谔方程之路
von Meyenn, K. (Hg.) (2011). *Eine Entdeckung von ganz außerordentlicher Tragweite*. Springer.

薛定谔方程
Schrödinger, E. (1926). Quantisierung als Eigenwertproblem. *Annalen der Physik*, 79, 80, 81.

马克斯·玻恩对概率波的解释
Born, M. (1926). Zur Quantenmechanik der Stoßvorgänge. *Zeitschrift für Physik*, 37, 863.

拉普拉斯妖
Aigner, F. (2016). *Der Zufall, das Universum und du*. Brandstätter.

关于斯特恩-格拉赫实验
Friedrich, B. (2003). Stern and Gerlach: How a bad cigar helped reorient atomic physics. *Physics Today*, 56, 12, 53.

"玻尔是对的"：格拉赫的电报
Gentner, W. (1980). Gedenkworte für Walther Gerlach. Orden Pour le Mérite, *Reden und Gedenkworte*, Band 16.

朱塞佩·奥恰里尼和"泡利传说"
Telegdi, V., Pauli-Anekdoten. In: Enz, C.P., von Meyenn, K. (1988). Wolfgang Pauli. *Das Gewissen der Physik*. Vieweg.

惠勒的延迟选择思想实验
Wheeler, J.A., Law without law. In: Wheeler, J.A., Zurek, W.H. (Hg.) (1983). Quantum theory and measurement. Princeton University Press.

关于逆向思维及其误解
Ellerman, D. (2015). Why delayed choice experiments do not imply retrocausality. Quantum Studies: Mathemathics and Foundations, 2, 183.

量子橡皮
Walborn, S.P. et al. (2003). Quantum erasure. American Scientist, 91, 4.

量子炸弹
Elitzur, A., Vaidman, L. (1993). Quantum mechanical interaction free measurement. *Foundations of Physics*, 23, 987.

Kwiat, T. et al. (1995). Interaction-free measurement. Phyical Review Letters, 74, 24.

仙女座和银河系
Cowen, R. (2012). *Andromeda on collision course with the Milky Way*. Nature.
Sohn, S.T., Anderson, J., van der Marel, R.P. (2012). The M31 velocity vector. I. Hubble space telescope proper-motion measurements. *The Astrophysical Journal*, 753, 1.

钱德拉塞卡关于白矮星质量极限的发现
Sullivan, W. (1995, Aug 22). Subrahmanyan Chandrasekhar, 84, Is dead; Nobel laureate uncovered ,White Dwarfs'. *The New York Times*.

隧穿效应和 α 粒子
Gamow, G. (1928). Zur Quantentheorie des Atomkernes. *Zeitschrift für Physik*, 51.

爱因斯坦给玛丽·居里的信
Schulmann, R. et al. (Hg.) (1998). A. Einstein: The Collected Papers of Albert Einstein, Volume 8. Princeton University Press.

伯特曼的袜子
Bell, J.S. (1981). Bertlmann's Socks and the Nature of Reality. *Journal de Physique*, 42, Colloque C-2, suppl. au No. 3.
Bertlmann, R.A. (1990). Bell's Theorem and the Nature of Reality. *Foundations of Physics*, 20, 10.

关于局部现实主义和EPR研究
Einstein, A., Podolsky, B., Rosen, N. (1935). Can quantum-mechanical description of physical reality be considered complete?. *Physical Review*, 47, 777.

量子纠缠就像王位继承
Bell, J.S. (2011). *Speakable and Unspeakable in Quantum Mechanics* (Second Edition), La nouvelle cuisine. Cambridge University Press.

贝尔不等式
Bell, J.S. (1964). On the Einstein Podolsky Rosen Paradox. *Physics*, 1, 3.
Mermin, N.D. (1993). Hidden variables and the two theorems of John Bell. *Reviews of Modern Physics*, 65, 3.

量子传送
Bouwmeester, D. et al. (1997). Experimental quantum teleportation. *Nature* 390, 575.

岛与岛之间的量子传送
Ma, X-S. et al. (2012). Quantum teleportation over 143 kilometres using active feedforward. *Nature* 489, 269.

关于密码学
Singh, S. (1999). T*he Code Book. Dobleday*.

使用量子纠缠加密和贝尔不等式测试
Ekert, A.K. (1991). Quantum cryptography based on Bell's theorem. *Physical Review Letters*, 67, 661.

量子加密的实验
Jennewein, T. et al. (1999). Quantum cryptography with entangled photons; *Physical Review Letters*, 84, 20.

薛定谔的猫
Schrödinger, E. (1935). Die gegenwärtige Situation in der Quantenmechanik. *Die Naturwissenschaften*, 23.

维格纳的朋友
Wigner, E.P. Remarks on the Mind-Body Question. In: Mehra, J. (Hg.) (1995). Philosophical Reflections and Syntheses. *The Collected Works of Eugene Paul Wigner*, vol B/6. Springer.

斯特恩-格拉赫仪器中的原子开关与退相干性
Zurek, W.H. (2002). Decoherence and the transition from quantum to classicalrevisited. *Los Alamos Science*, 27.

量子达尔文主义
Zurek, W.H. (2009). Quantum Darwinism. *Nature Physics*. 5, 181.

多世界诠释
Everett III, H. (Autor), Barrett, J.A., Byrne, P. (Hg.) (2012). *The Everett Interpretation of Quantum Mechanics*. Princeton University Press.

更激进的多世界观
Tegmark, M. (2014). *Our Mathematical Universe*. Alfred A. Knopf.

闭嘴，计算!
Mermin, N.D. (2004). Could Feynman Have Said This?. *Physics Today*, 57, 5, 10.

量子神秘主义
Hümmler, H. (2017). *Relativer Quantenquark*. Springer.
Capra, F. (1975). *Das Tao der Physik*. O.W. Barth.

鲁珀特·谢尔德雷克的"形态发生场"
Sheldrake, R. (1981). A New Science of Life. Tarcher.

马克斯·普朗克和菲利普·冯·约利的对话
Hoffmann D. (2008). *Max Planck*. C.H. Beck.

关于第一台激光器
Maiman, T.H. (1960). Stimulated Optical Radiation in Ruby. *Nature*, 187, 493.

不要高估量子计算机的价值
Hossenfelder, S. (2019, August 2). *Quantum supremacy is coming. It won't change the world*. The Guardian.

粒子波动与宇宙
Hawking, S.W. (1982). The development of irregularities in a single bubble inflationary universe. *Physics Letters B*, 115, 4.

致谢

只有将我的想法与许多聪明人的想法以适当的方式交织在一起，才能产生一本关于量子理论的书。感谢所有为本书的创作做出贡献的人，感谢他们的审阅、校对、批判性评论、建设性反馈或有益的讨论，尤其是马丁·贝克尔（Martin Bäker）、克里斯蒂娜·比桑兹（Christina Bisanz）、斯特凡·唐萨（Stefan Donsa）、丹尼尔·格鲁米勒（Daniel Grumiller）、马库斯·胡贝尔（Marcus Huber）、霍尔姆·胡姆勒（Holm Hümmler）、雷娜特·帕祖瑞克（Renate Pazourek）、特雷莎·普罗潘特（Teresa Profanter）、沃尔克马尔·普茨（Volkmar Putz）和斯特凡·罗特（Stefan Rotter）。